Klaus Veit

Mein Aquarium

KOSMOS

Im Porträt
Fische & Pflanzen 72

Leben unter Wasser
Verhalten verstehen 116

Zum Heraustrennen

Zum Weiterschwimmen

Gut zu wissen
Rund ums Aquarium

Das sind Aquarien

Hineintauchen in die Unterwasserwelt, ohne nasse Füße zu bekommen!
Das beschreibt die Faszination, die wir Aquaristik nennen.

Natur für Zuhause

Seit Jahrhunderten schon versuchen Menschen, durch Aquarien die gute Stube mit der Schönheit und Faszination der Unterwasserwelt zu bereichern. Und das Tolle daran: es funktioniert!
Für manche Menschen sind Aquarien eine schöne Wohnzimmerdekoration. Für andere eine sinnvolle Freizeitbeschäftigung. Viele sehen in ihnen aber noch viel mehr: die Nachahmung der natürlichen Unterwasserwelt mit ihren Organismen und mit all ihren Farben und Formen.
Wer einmal vom Aquaristikvirus gepackt ist, den lässt es nicht mehr los. Viele werden bereits in der Kindheit infiziert. Dann treibt es sie hinaus an den Fluss, den See oder den Teich, um die seltsamen Wesen unter Wasser genauer unter die Lupe zu nehmen.
Doch das Leben unter Wasser lässt sich leider nicht so einfach beobachten. Auch nicht in den mitgebrachten Eimern und Einmachgläsern. Aber der Mensch wäre nicht Mensch, wenn er dieses Problem nicht auf eine elegante Art und Weise gelöst hätte: Er erfand das Aquarium. Die Unterwasserwelt hinter Glas – und das in den eigenen vier Wänden. Jeder, der ein Aquarium zu Hause hat, wird sich an den Moment erinnern, als er zum ersten Mal sein Glasbecken mit Wasser gefüllt hat. Und – ohne pathetisch werden zu wollen – wer fühlt sich in diesem Moment nicht auch ein bisschen als Schöpfer, als Architekt einer eigenen kleinen Welt?

Vielfältige Aquaristik

Wer dem Hobby treu bleibt, der wird zeitlebens seine kleine Welt hinter Glas hegen und pflegen. Häufig bleibt es nicht bei nur einem Aquarium. Die Natur bietet schließlich so viele Vorbilder, so viele verschiedenartige Gewässer mit so vielen verschiedenartigen Geschöpfen – für jeden Aquarianer eine Herausforderung.
Allerdings gehört zu diesem Hobby mehr als nur Begeisterung. Das Wissen um die Biologie der Tiere und Pflanzen, physikalisches und chemisches Verständnis für das Element Wasser und technisches Know-how sind Voraussetzungen, die der Aquarianer mitbringen sollte. Aber keine Sorge: Es ist noch kein Meister vom Himmel gefallen! Dieses Buch soll Ihnen dabei helfen, sich die wichtigsten Grundlagen, Kenntnisse und Fertigkeiten anzueignen und Spaß an einem schönen Hobby zu finden.

Bunt gemixt: So sieht ein Gesellschaftsaquarium aus.

Im Schwarm sind selbst kleine Fische charismatisch.

Stars hinter Glas – die Fische

Die Hauptakteure im Aquarium sind zweifellos die Fische. In der Natur gibt es sie reichlich: über 25.000 Arten bevölkern Meere, Seen, Flüsse, Bäche, Teiche und alle anderen nur erdenklichen Gewässer. Überall haben sich die Fische an ihre jeweilige Umgebung auch äußerlich angepasst. Dies zeigt sich beispielsweise an ihren unterschiedlichen Körpergrößen. Aber auch Körperbau, Färbung und Lebensweise unterscheiden sich extrem. Für den Aquarianer sind in erster Linie solche Fische von Interesse, die sich in dem begrenzten Raum des Aquariums gut halten lassen. Das trifft vor allem auf kleine Fische zu, die die Uferbereiche größerer Gewässer bewohnen oder in kleinen Binnengewässern vorkommen.

Nicht nur die Farbe macht's

Zumeist sind diese Tiere auch farbenprächtiger als ihre Artgenossen im weiten, freien Wasser der Meere oder der großen Seen. Die Färbung und die vielfältigen Muster aus Streifen, Flecken und Tupfen erfüllen allerdings nicht nur ästhetische Funktionen. Die Färbung dient vor allem zur Tarnung, zur Erkennung der Artgenossen und zur Unterscheidung der Geschlechter. Manchmal signalisiert eine kräftige Farbe auch dem Fressfeind: „Vorsicht, ich bin nicht genießbar!"
Klar, dass dem Betrachter eines Aquariums zuerst die bunten Pfleglinge ins Auge ste-

Eleganz und Faszination in Farbe: Buntbarsche

Gut geeignet für Einsteiger: Sumatrabarben

chen. Aber auch die weniger bunten Fische können durchaus imponieren. Oft ist es ihr interessantes Verhalten, das uns in den Bann zieht. Die unterschiedlichen Lebensweisen der Fische lassen sich auch im Aquarium sehr gut beobachten. Schwarmverhalten, Fressverhalten, Balzverhalten, Revierverhalten und Fortpflanzungsverhalten machen das Aquarium erst so richtig lebendig und äußerst interessant.

Am Anfang – Bescheidenheit ist angesagt

Sosehr die farbenprächtigsten und interessantesten Fische auch reizen mögen: Der Einsteiger sollte sich zunächst auf Arten beschränken, die sich einfach im Aquarium pflegen lassen. Und das sind auch schon eine fast unüberschaubare Anzahl farbenprächtiger und charismatischer Fische. Es bleibt dann auch mehr Zeit zum Genießen und zum Lernen. Dinge, die dazu gehören. Wenn die ersten Erfahrungen gesammelt sind, kann man sich auch den etwas anspruchsvolleren Arten widmen.

Faszination Fisch

- Schon vor 400 Millionen Jahren existierten die ersten primitiven Fische.
- Fische bilden die artenreichste Wirbeltiergruppe auf der Erde.
- Die größten existierenden Fische sind der Walhai mit bis zu 15 Metern und der Riesenhai mit bis zu 12 Metern Länge.
- Der kleinste bekannte Fisch stammt aus der Familie der Karpfen und misst ausgewachsen 7,9 Millimeter (!). Er wurde erst 2006 auf Sumatra entdeckt. Seine Entdecker tauften ihn auf den Namen *Paedocypris progenetica*.
- Manche Fische bewohnen warme Quellen mit Temperaturen bis über 50 °C.
- Andere Fische überleben in arktischen Gewässern bei Temperaturen knapp über dem Gefrierpunkt.
- Wanderfische können Tausende von Kilometern zurücklegen. So bewältigt der Aal eine Strecke von bis zu 8.000 Kilometern, um zu den Laichplätzen im Saragossameer zu gelangen.
- Manche Fische – vor allem Bewohner des offenen Meeres – produzieren Millionen von Eiern. Der Mondfisch soll sogar bis zu 300 Millionen Eier produzieren.
- Einige Fische haben sehr empfindliche Nasen: Ein erwachsener Aal kann Duftstoffe noch in einer Verdünnung von 1:2 bis 3 Trillionen (!) wahrnehmen.

Zwergbärblinge sind nur 2,5 cm lang!

Woher kommen die Fische?

Tropische Gewässer

Die Fische unserer Süßwasseraquarien stammen in erster Linie aus tropischen oder subtropischen Gewässern. Regenwaldbäche und Flüsse des Amazonasbeckens, kleine stehende, verkrautete Gewässer Zentralafrikas, überschwemmte Reisfelder Südostasiens oder auch die großen ostafrikanischen Grabenseen: das sind nur wenige Beispiele für die Heimatgewässer vieler beliebter Aquarienfische. Allein bei den Worten Malawi- oder Tanganjikasee bekommt der passionierte Buntbarsch-Liebhaber leuchtende Augen. Wer die Gelegenheit haben sollte, den Urlaub in den Tropen zu verbringen, sollte es nicht versäumen, mit Schnorchel und Taucherbrille einen geduldigen Blick in einigermaßen klare Süßgewässer zu werfen: Man wird über die bunte Fischwelt erstaunt sein!

Barben sind sehr anpassungsfähig.

Heimische Gewässer

Es gibt aber auch vor der Haustür im kleinen Bach, im kleinen Teich oder im Weiher prächtige Geschöpfe! Allerdings: Die Kaltwasseraquarien sind heute etwas aus der Mode gekommen. Kaltwasseraquarien beherbergen neben dem „klassischen" Goldfisch vor allem heimische kleine Fische stehender und fließender Gewässer. Die außerordentlich reizvollen und interessanten Arten wie Stichling, Bitterling, Elritze oder Moderlieschen sind nicht nur hübsch anzuschauen, sondern weisen sehr interessante Verhaltensweisen auf. Vielfach werden – ist denn die Gelegenheit gegeben – unsere heimischen Fische gern im Garten- oder Wohnzimmerteich gehalten – zweifellos eine interessante Alternative zum Aquarium. Wer sich gern die heimische Wasserfauna in die Wohnstube oder in den Garten holen möchte, der sollte sich die entsprechende Literatur besorgen und sich genauestens beim Fachhandel über die besonderen Ansprüche der heimischen Fische und Wirbellosen für das Kaltwasseraquarium und den Gartenteich erkundigen.

Ohne Zucht keine Aquaristik

Die wenigsten der hierzulande käuflichen Aquarienfische sind tatsächlich in ihrem Heimatgewässer geboren. Das ist auch gut so angesichts der großen Zahl an Aquarianern auf der ganzen Welt, die mit Fischen und Pflanzen versorgt werden möchten. Sehr schnell wären die Objekte der Begierde aus ihrer natürlichen Umgebung verschwunden.

Die Fische unserer Aquarien stammen hauptsächlich aus den Anlagen spezialisierter Zierfischzüchter. Auch ein Großteil der Wasserpflanzen verdankt ihre Existenz professionellen Züchtern. Vor allem in südostasiatischen Ländern wird in großen Becken und Teichen gezüchtet. In diesen Gefilden können sich die Züchter das kostspielige Beheizen der Anlagen sparen und auf das warme, tropische Klima vertrauen. Die Zuchtbetriebe exportieren die Fische dann an Großhändler, von denen wiederum die Zoofachhändler ihre Jungfische beziehen.

Verantwortungsvoller Umgang

Verantwortungsvolle Großhändler lassen die Tiere nach dem beschwerlichen Transport mit dem Flugzeug in Hälterungsbecken zur Ruhe kommen, bevor sie sie an den Zoofachhandel weitergeben. Die Fische haben also, bevor sie in unsere Aquarien kommen, eine wahre Odyssee hinter sich. Gemessen am Aufwand, sind die Preise für die Fische sehr gering. Auch in europäischen Ländern wird gezüchtet. Allerdings – notgedrungen – mit größerem technischen Aufwand.

Eines liegt dem wahren Aquarianer aber am Herzen: Egal, wie niedrig die Preise der Fische sein mögen: Es sind immer noch Lebewesen, die mit allem nötigen Respekt behandelt werden müssen. Das macht das Hobby erst sinnvoll.

Hier eine Zuchtform von Zebrabärblingen mit Schleierflossen.

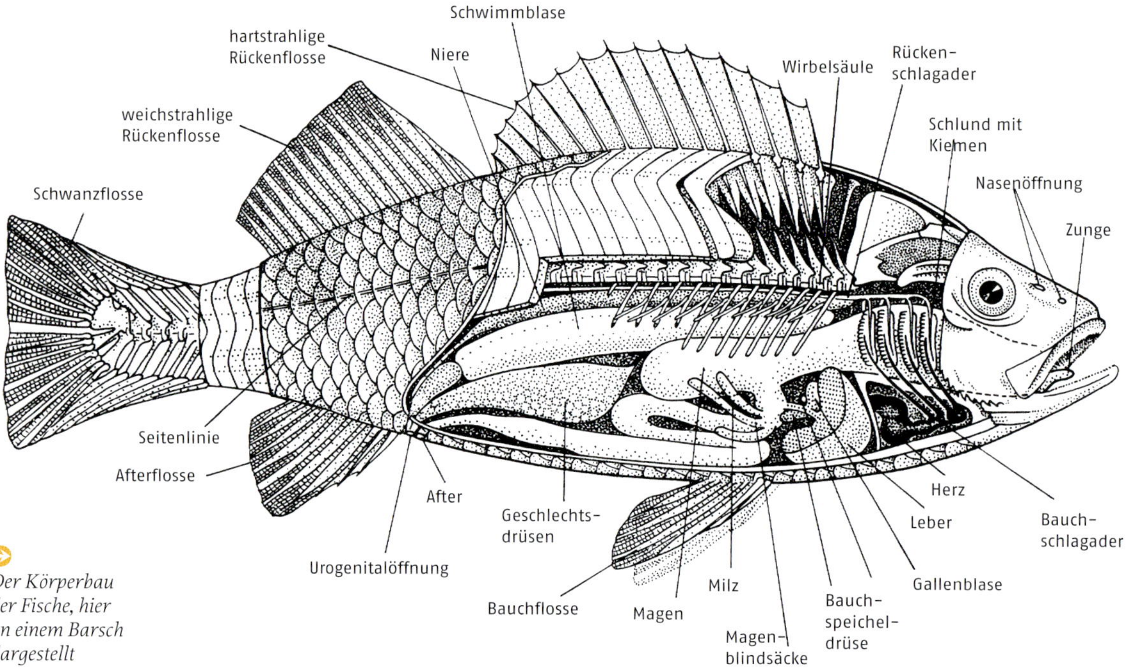

Der Körperbau der Fische, hier an einem Barsch dargestellt

Der Bau der Fische

Die Fische sind die älteste und artenreichste Wirbeltiergruppe. Man schätzt, dass es zwischen 25.000 und 30.000 Fischarten gibt. Selbstverständlich variiert der Körperbau dieser Tiere stark. Dennoch ist der Grundbauplan eigentlich stets derselbe. Hier einige typische Fischmerkmale:

Die Kiemen

Ein wichtiges Unterscheidungsmerkmal zwischen Fischen und den übrigen Wirbeltieren (ausgenommen Amphibienlarven) ist sicherlich ihre Fähigkeit, unter Wasser atmen zu können. Das bewerkstelligen sie mit den Kiemen, sehr leistungsfähigen Organen, die den geringen Sauerstoffgehalt im Wasser durch die große Oberfläche optimal ausnutzen. Die Kiemen bestehen aus stark durchbluteten Hautlamellen. Diese werden durch die Pumpbewegungen mit dem Maul und der Kiemenhöhle reichlich umspült. Über die Kiemen geben Fische auch Kohlendioxid und andere Abbauprodukte ab.

Die Flossen

Flossen sind Hautfalten, die von harten oder weichen Strahlen des Skeletts gestützt werden. Man unterscheidet die unpaare Rückenflosse, Schwanzflosse, Afterflosse sowie die paarigen Brust und Bauchflossen. Für Vortrieb sorgt hauptsächlich die Schwanzflosse, die Brustflossen sind in ers-

ter Linie für die Steuerung zuständig, dienen aber auch zum Bremsen oder zum Rückwärtsschwimmen. Die übrigen Flossen halten den Fisch in einer stabilen Lage.

Die Fischhaut

Ein Kennzeichen der Fische sind ihre Schuppen. In der Regel bedecken sie den ganzen Körper. Diese verknöcherten Strukturen werden von der Lederhaut gebildet. Manchen Fischen fehlen die Schuppen teilweise oder ganz. Bei einigen Arten ersetzen Knochenplatten die Schuppen, z. B. bei den beliebten Panzerwelsen. Der schleimige Schutzfilm der Fischhaut wird von der sogenannten Epidermis abgesondert, die über der Lederhaut und den Schuppen liegt. Diese Schleimschicht schützt den Fisch vor Parasiten und anderen Krankheitserregern.

Das Seitenlinienorgan

Die Seitenlinie der Fische ist als durchlöcherte Schuppenreihe zu erkennen. Sie dient zur Abtastung der Umgebung: Schon geringste Druckveränderungen nehmen die Fische mit den Sinnesknospen im Seitenlinienkanal wahr. Das erleichtert ihnen die Orientierung auch bei völliger Dunkelheit und hilft beim Beutefang oder dient zur Wahrnehmung von Feinden.

Die Schwimmblase

Die Schwimmblase dient zur Anpassung der Dichte des Fischkörpers an die Wasserdichte. Mithilfe der Schwimmblase ist es den Fischen möglich, ruhig im Wasser zu schweben. Außerdem ist sie für den Ausgleich des Wasseraußendrucks zuständig. Manche Fische gebrauchen die Schwimmblase auch dazu, Töne zu erzeugen.

Bei genauerem Hinsehen kann man bei der Prachtschmerle das Seitenlinienorgan erkennen.

Pflanzen – nicht nur Dekoration

In vergangener Zeit wurden die Pflanzen in erster Linie als Dekoration in das Aquarium eingebracht. Heute ist man sich ihrer wichtigen Bedeutung im Ökosystem Aquarium bewusst. Von speziellen Aquarientypen – beispielsweise dem klassischen ostafrikanischen Buntbarschbecken – einmal abgesehen, darf in keinem gut funktionierenden Aquarium eine reichhaltige Unterwasserflora fehlen.

Die Aufgaben der Pflanzen

Die Pflanzen erfüllen eine Reihe wichtiger Funktionen. Zunächst einmal produzieren sie Sauerstoff, den die Fische zum Überleben brauchen. Ein Aquarium mit ausreichend vielen Pflanzen kann getrost auf Belüftung verzichten. Mithilfe von Licht, CO_2, Wasser und Nährstoffen bauen die Pflanzen ihre Substanz auf, regeln ihren Stoffwechsel und geben als Nebenprodukt Sauerstoff an ihre Umgebung ab. Diesen Vorgang nennt man Fotosynthese.
Eine weitere wichtige Aufgabe im Aquarium ist die Aufnahme und Verarbeitung von Stickstoff- und Phosphatverbindungen. Das sind Stoffe, die bei Fischen während des Stoffwechsels anfallen und ins Wasser abgegeben werden. Wasserpflanzen nehmen diese Substanzen als Nährstoffe

Für Fische nicht undurchdringbar, sondern nützlich: dichte Vegetation.

Vielfalt der Blattformen: Bei Aponogeton sattgrün und großblättrig …

gestresste Tiere, sondern dient auch als Laichplatz für eine ganze Reihe von beliebten Aquarienfischen. Zudem gedeiht im dichten Unterwassergarten eine millionenstarke Armee von Klein- und Kleinstlebewesen. Bakterien und einzellige Lebewesen unterstützen die Pflanzen bei der Entsorgung unerwünschter Substanzen im Wasser und sind dazu noch eine ausgezeichnete Futterquelle für Jungfische.

Natürlich ist eine gut gepflegte Flora im Aquarium für den Betrachter ein wahrer Genuss. Sie verleiht dem Aquarium räumliche Tiefe, eine schöne Natürlichkeit und ist für die Nachahmung der Heimatgewässer unserer Aquarienfische unverzichtbar. Und wer Freude am Gärtnern hat, wird beim Hegen und Pflegen der Pflanzen sogar Ruhe und Ausgeglichenheit finden.

auf und verhindern so die Anreicherung der Stickstoff- und Phosphorverbindungen im Aquarium.

Pflanzen kontra Algen

Wasserpflanzen und Algen stehen im ständigen Konkurrenzkampf um die im Wasser gelösten Nährstoffe. Sind nicht genügend höhere Pflanzen im Aquarium vorhanden, können sich Algen rasend schnell ausbreiten und das harmonische Erscheinungsbild des Aquariums nachhaltig stören. Wer also nicht jeden Tag einen Algenbelag von den Innenscheiben seines Aquariums kratzen möchte, der sollte für einen üppigen Unterwassergarten sorgen.

Nützlich für die Fische

Die Fische profitieren auch direkt von einer dichten und abwechslungsreichen Vegetation. Sie bietet nicht nur ausgezeichnete Versteckmöglichkeiten für junge oder

… bei Ammania gelblich und kleinblättrig

Wasser ist Leben

Ein Gang durch das Großaquarium: Hinter jeder Scheibe offenbart sich uns eine eigene Welt. Hinter dem einen Glas schießt Wasser mit hoher Geschwindigkeit am Betrachter vorbei. Große Forellen und Lachse kämpfen über dem steinigen Untergrund gegen die starke Strömung. Dort tummeln sich zwischen hochrankenden Wasserpflanzen kleine anmutige Stichlinge, Elritzen und Bitterlinge.
In einem anderen Raum leuchten hinter den Scheiben die Farben prächtiger Lippfische zwischen Seegräsern und Anemonen. Langusten und Hummer verstecken sich zwischen den Steinen. Wohin man sieht: bekannte und unbekannte Wesen des Wassers.
Der nächste Raum: ein Sammelsurium fantastischer Farben und Formen. Das tropische Korallenriff, wie es leibt und lebt – nur eben hinter Glas. Stein-, Fächer-, Hirn- oder Lederkorallen schimmern durch das klare Wasser wie die Blumen in einem prächtigen Frühlingsgarten, der der Fantasie eines Künstlers entsprungen sein könnte. Hunderte von verschiedenen, zum Teil grotesk wirkenden Fischen, Weichtieren, Stachelhäutern und Krustentieren hauchen dem Bild überschwängliches Leben ein …

Tropische Unterwasserwelten im Meerwasseraquarium

Mehr als H_2O

Das Leben unter Wasser. Eine Welt, die man nicht fassen und greifen kann. Die man einfach bestaunen muss. Die Grundlage dieser Welt bildet das Wasser. Zwei Atome Wasserstoff, ein Atom Sauerstoff, und fertig ist ein Molekül, das auch dem normalen, alltäglichen Leben seinen Stempel aufdrückt. Flüssig, durchsichtig, geruchs- und geschmacksneutral. Es kommt aus der Leitung, man kann es trinken, wäscht sich, putzt und kocht damit oder lässt es durch die Kühltürme von Kraftwerken fließen. Man nutzt es als Transportweg und gewinnt durch seine Kraft Energie. Es gefriert bei 0 °C und fängt bei 100 °C an zu kochen. Einfach normal, einfach immer da, wenn man es braucht? Wasser, das sind vor allem auch Tümpel, Teiche, Bäche, Flüsse, Meere. Das sind Wolken, Nebel, Regen und Schnee. Das sind Gletscher, die Bergzüge und unsere

Findet Nemo – das ist nur im Meerwasseraquarium möglich!

riesigen Pole bedecken. Es formt Täler, Berge, Höhlen, es formt ganze Landschaften. Wasser nimmt mehr als zwei Drittel der Erdoberfläche ein. Es lässt unseren Planeten aus Sicht der Astronauten im All blau erscheinen und sorgt für den Beinamen der Erde: Blauer Planet. Mythen ranken sich um das Element: Schöne Wassernixen, See- und Meeresungeheuer, sogar Götter entsteigen dem Nass und der lebhaften Fantasie des Menschen. Wasser sorgt aber auch für Katastrophen wie gewaltige Überschwemmungen, entsetzliche Tsunamis mit todbringenden Wellen oder opferreiche Havarien. Es beweist uns immer wieder aufs Neue seine gewaltige, unbändige Kraft.

Grundlage allen Lebens

Wasser, ein ganz besonderer Saft. Ohne übertreiben zu wollen: Wasser ist die Voraussetzung jeglichen Lebens. Es ist Leben. Ob kleinste Lebensformen, Pflanzen oder Tiere: Alle Organismen bestehen zu einem hohen Prozentsatz aus Wasser und sind von der Existenz dieses Stoffes abhängig. 60 % des menschlichen Körpers bestehen aus Wasser. Manche Bewohner des kühlen Nass, wie die eleganten Quallen,
erreichen sogar gut und gerne 90 %! Eigentlich kein Wunder! Schließlich kommt alles Leben ursprünglich aus dem nassen Element. Darin haben sich schon vor Millionen von Jahren Lebensformen entwickelt, die als Vorgänger aller heute existierenden Organismen – einschließlich des Menschen – am Anfang der Evolution standen.

Faszination Aquarium

Das Interesse an der belebten Welt unter Wasser führte bereits vor Jahrhunderten dazu, dass sich der Mensch ein Stück der Wasserwelt ins Haus holte. Ein durchsichtiger Behälter mit Wasser und einem oder mehreren Fischen darin (Vorsicht: nicht zur Nachahmung empfohlen!), so sahen die ersten Anfänge eines Hobbys aus, das bis in die heutige Zeit nichts von seiner Faszination verloren hat. Sicher, das Wissen um die Bedürfnisse der Wasserbewohner und die Technik haben sich – Gott sei Dank – weiterentwickelt. Dennoch bleibt der Antrieb zur Aquaristik der gleiche: das dekorative Gestalten und Bestaunen einer Welt, die so anders ist als die unsere auf dem Land.
Der Gang durch das Großaquarium ist beendet. Er hinterlässt einen bleibenden Eindruck vom Leben in einem Element, das uns so nah und doch so fern ist. Wasser! Nur wenn wir mit diesem Rohstoff sorgsam umgehen, bleiben uns seine Paradiese, die Vorbilder unserer Aquarien, erhalten. Zuerst das Wasser, dann der Fisch ...

Balz: Prächtig gewinnt! So auch beim Kardinalfisch.

Kleines Aquarien-Lexikon

Afterflosse
Unpaare Flosse zwischen Bauch- und Schwanzflosse. Sie sorgt für Stabilität beim Schwimmen. Bei manchen Arten, z. B. bei lebendgebärenden Zahnkarpfen, ist sie bei den Männchen zu einem Begattungsorgan umgebildet. Man spricht hier von einem sogenannten Gonopodium.

Artemia
Kleine Krebstierchen, die stark salzhaltige Gewässer bewohnen. Die Dauereier dieser Krebschen können im Zoofachhandel erworben werden. Die Larven (Nauplien) lassen sich in einem Kulturgefäß zum Schlüpfen bringen. Sehr gutes Jungfischfutter.

Balz
Verhaltensweise, die der Fortpflanzung dient. Ein Tier wirbt dabei um einen Paarungspartner.

Cichliden
Cichliden = Buntbarsche.

Culex
Culex = Schwarze Mückenlarven. Larven der Stechmücken.

Cyclops
Cyclops = Hüpferlinge. Kleinkrebse, die als Planktontiere alle stehenden Gewässer bewohnen. Ein wertvolles Lebendfutter für Aquarienfische.

Daphnia
Daphnia = Wasserfloh. Wie Cyclops ein Planktonkrebs stehender Gewässer. Beliebtes Lebendfutter für Aquarienfische, das gerne gefressen wird.

Darmatmung
Manche Fische (z. B. viele Schmerlen und Welse) können Sauerstoff auch über den Darm aufnehmen, indem sie über dem Wasser Luft schlucken.

Drosophila
Kleine Frucht- oder Essigfliegen, die optimales Lebendfutter für Oberflächenfische sind. Lassen sich leicht selbst züchten.

Eutrophierung
Hoher Nährstoffeintrag in ein Gewässer mit großer Zunahme der pflanzlichen Produktion (Algen!).

Fettflosse
Wichtiges Erkennungsmerkmal vieler Salmler. Die Fettflosse liegt zwischen Schwanz- und Rückenflosse.

Freilaicher
Fische, die ihre Keimzellen (Eier und Spermien) in das freie Wasser entlassen, ohne sich weiter darum zu kümmern.

Die Fettflosse findet man zwischen Rücken- und Schwanzflosse.

Gonopodium
Aus der Afterflosse von männlichen Fischen gebildetes Begattungsorgan. Bei vielen lebendgebärenden Fischen (beispielsweise Lebendgebärende Zahnkarpfen) zu finden.

Daphnien findet man in stehenden Gewässern.

Herbivore
Herbivore = Pflanzenfresser.

Infusorien
Einzellige Tierchen wie Pantoffeltierchen, die zur Aufzucht von Larven und kleinen Jungfischen im Fachhandel angeboten werden.

Karnivore
Karnivore = Fleischfresser.

Lebendfutter
Fachausdruck für lebende oder gefrorene Futtertiere (diese werden vor dem Verfüttern aufgetaut).

Maulbrüter

Fische, die die Eier und/oder Larven im Maul ausbrüten.

Millionenfisch

Millionenfisch = Guppy. Gehört zu den Lebendgebärenden Zahnkarpfen. Ist außerordentlich vermehrungsfreudig. Daher auch der Name.

Moorkienwurzeln

Diese Wurzeln stammen aus Moorgebieten. Sie sind bis auf das Kernstück abgefault. Damit die Wurzeln sinken können, müssen sie sich zuerst mit Wasser vollsaugen.

Oberständig

Man unterscheidet bei Fischen verschiedene Maulformen. Oberflächenfische haben meist ein oberständiges Maul, mit dem sie z. B. Anfluginsekten von der Wasseroberfläche jagen.

Omnivore

Omnivore Fische nehmen sowohl tierische als auch pflanzliche Kost zu sich.

Paludarium

Becken mit Wasser- und Landteil zur Haltung von tropischen Landpflanzen und Zierfischen. Manche halten in ihnen zusätzlich tropische Frösche.

Pflanzen sich massenhaft fort: Der Guppy wird auch Millionenfisch genannt.

Eine besondere Art der Brutpflege: Ein Paradiesfisch baut ein Schaumnest.

Schaumnest
Viele Labyrinthfische betreiben eine besondere Form der Brutpflege. Dazu bauen sie ein sogenanntes Schaumnest aus schleimumkleideten Luftblasen an der Wasseroberfläche.

Schwarmfische
Fische, die in der freien Natur mit vielen Artgenossen zusammen in einem Schwarm leben. Hält man sie alleine, kümmern sie. Schwarmfische sollten deshalb erst ab einer Anzahl von sechs Tieren zusammen gepflegt werden.

Seitenlinienorgan
Ferntast-Sinnesorgan an den Flanken der Fische. Kann Wasserbewegungen mit seinen Sinneszellen wahrnehmen. Meist als schmale horizontale Linie sichtbar.

Substratlaicher
Fische, die ihre Eier auf einer Unterlage ablegen. Viele Arten kleben ihre Eier auf das Substrat (Haftlaicher).

Tubifex
Schlammröhrenwürmer, die aus belasteten Gewässern stammen. Fett- und proteinreiche Nahrung für Fische.

Vergesellschaftung
Wenn verschiedene Fischarten zusammen in einem Becken gepflegt werden. Alle gepflegten Arten in einem Gesellschaftsbecken sollten die gleichen Anforderungen an Temperatur und Wasserwerte stellen.

Zuchtbecken
Kleines Aquarium, das extra für die Nachzucht eingerichtet wird. Hygiene steht hier an oberster Stelle.

Schwarmbildung: für viele Fischarten wichtig fürs Überleben

Einfach wohlfühlen
Gut versorgt

Passt ein Aquarium zu mir?

Ein Aquarium gut zu versorgen, ist kein Problem. Mit Sachverstand, der Freude am Detail, der nötigen Ausrüstung und ein bisschen Zeit ist die Pflege eines Aquariums eine leichte Sache.

Diese Frage sollten Sie sich stellen, bevor Sie sich kopfüber „ins Wasser" stürzen. Die Bewohner von Aquarien sind sensible Wesen. Sie brauchen schon ein paar Stunden Ihrer wertvollen Zeit, um gut zu gedeihen und sich wohlzufühlen. Aber ein schönes Aquarium und gesunde Fische sind den Aufwand sicherlich wert.

Der Zeitaufwand

Keine Angst, es ist nicht so, dass sich nach der Einrichtung eines Aquariums alles um die Welt hinter Glas drehen muss. Ein Aquarium braucht beileibe nicht so viel Zeit und Aufmerksamkeit wie beispielsweise ein junger Hund. Ein Aquarium, das gut eingefahren ist, das sich stabilisiert hat, macht insgesamt gesehen wenig Arbeit. Nur manche Dinge muss der Aquarianer noch in regelmäßigen Abständen durchführen: die Fütterung, die Kontrolle des Wassers, den regelmäßigen Wasserwechsel oder das Ausdünnen des Pflanzenbestandes. All diese Tätigkeiten sind ohne großen Zeitaufwand zu erledigen. Der Rest ist Genuss pur: Staunen und Freude an der Welt hinter Glas. Nur wer gezielt pflegeintensive Fische und Pflanzen in seinem Aquarium halten oder züchten will, kommt nicht darum herum, einen Großteil seiner Freizeit dafür zu verwenden.

Die Kosten

Neben dem zeitlichen gibt es natürlich auch einen finanziellen Aufwand. Sind die Anschaffungen für die Einrichtung einmal getätigt, fallen für den Erhalt der Wasserwelt permanente Kosten an. Dazu gehören z. B. Stromkosten für Beleuchtung, Filterung und Heizung. Außerdem: Futterkosten und die Kosten für Düngemittel, für die Wasserwechsel, für die Wasseraufbereitungsmittel und für die Testsets zur Wasserkontrolle. Aber keine Bange: Ein Aquarium wird Sie nicht arm machen, dafür reich an Eindrücken. Wer sich ein Aquarium zulegen möchte, sollte sich schon vorab über einige Dinge im Klaren sein (S. 25). Die Anschaffung der nötigen technischen und dekorativen Einrichtungen ist nicht ganz billig. Und es sei vorweggenommen: Qualität hat ihren Preis!

Große Becken sind weniger anfällig für Störungen des biologischen Gleichgewichts.

Vorher planen

Ein Aquarium nach Maß

Und jetzt wird es Zeit, sich die Frage zu stellen: Was für ein Aquarium möchte ich eigentlich? Gute Frage!

Es gibt einige Bau- und Formvariationen von Aquarien. Am geläufigsten sind die sogenannten Nur-Glas-Aquarien, deren Glasscheiben mit Silikonkautschuk zusammengehalten werden. Die alten und teureren Rahmenaquarien scheinen ausgedient zu haben. Durch die moderne Bauweise sind auch vielfältigere Formvariationen möglich. Öde „viereckig" ist bei manchen Aquarianern out. Wer viel Wert auf Wohnstil legt, der wird sich viel Zeit bei der Auswahl des Beckens samt Unterbau nehmen. Es sollte zum Einrichtungsstil passen und möglichst zeitlos sein. Design ist angesagt. Schließlich soll man sich am Anblick des guten Stücks lange Zeit erfreuen. Man kann sich heute auch – wenn das nötige Kleingeld vorhanden ist – ein individuelles, auf die Wohnung abgestimmtes Aquarium anfertigen lassen. Aber immer daran denken: Die Fische und Pflanzen müssen sich in erster Linie darin wohlfühlen. Nur dann kann ein Aquarium auch zum optischen Genuss werden.

Normaquarien gibt es in vielen Größen. Die gängigsten reichen von 25 Liter (40 x 25 x 25 cm) bis zu 300 Liter (120 x 50 x 50 cm).

TIPP

Die richtige Größe

Je kleiner das Aquarium, desto sensibler reagiert das Wasser auf Veränderungen. Das heißt, dass Sie das Wasser häufiger kontrollieren und wechseln müssen. Und das bedeutet natürlich auch einen größeren Pflegeaufwand. Also besser gleich ein größeres Aquarium (ab 100 Liter) besorgen. Allerdings sind dann in der Regel auch die nötigen technischen Einrichtungen, Utensilien und Betriebskosten teurer. Aber die Fische und Pflanzen werden es Ihnen danken.

Wo soll es stehen?

Damit die Freude am Aquarium nicht zu kurz kommt, sollte man es nicht gerade im hintersten Zimmerwinkel auf den Boden stellen. Man möchte das lebhafte Treiben im Wasser schließlich bequem beobachten können. Es sollte also schon ein gut einzusehender Platz vorhanden sein, an dem es sich auch gut am Becken hantieren lässt: Unbedingt Stellen vermeiden, an denen nur durch unangenehme Verrenkungen der Wirbelsäule ein Wasserwechsel durchgeführt werden kann. Das demoralisiert auf die Dauer und schädigt den Rücken und die „Pflegemoral". Auch nahe am Fenster ist das Aquarium nicht gut aufgehoben. Damit die Aquarienbeleuchtung ihre volle Funktion erfüllen kann, sollte das Becken eher vom Fenster abgewandt stehen. Das natürliche Licht im unregelmäßigen Tag- und Nachtrhythmus fördert das Wachstum der ungeliebten Algen. Selbstverständlich sollte eine Steckdose in der Nähe sein.

Stabiler Unterbau

Nicht zu vernachlässigen ist das Gewicht eines gefüllten Aquariums. Morsche Dielen als Untergrund könnten schon bei mittelgroßen Aquarien zum Problem werden.

CHECK

Vor dem Kauf

- [ ] Kann ich mir die Anschaffung eines Aquariums finanziell leisten?
- [ ] Habe ich genügend Raum und Platz für ein Aquarium?
- [ ] Habe ich einen geeigneten Standort? Wo steht es am besten?
- [ ] Wie denkt mein Vermieter über ein Aquarium? Gibt es eventuell Probleme?
- [ ] Sind meine Mitbewohner bzw. alle Familienmitglieder mit der Anschaffung eines Aquariums einverstanden?
- [ ] Habe ich genügend Zeit, mich um mein Aquarium zu kümmern?
- [ ] Ist mein Interesse an Fischen und Pflanzen groß genug, um mich mit ihnen auseinanderzusetzen?
- [ ] Wie groß soll das Becken sein?
- [ ] Bin ich vor der Anschaffung eines Aquariums richtig informiert?
- [ ] Bin ich im Falle eines Wasserschadens gegenüber Dritten versichert? Was rät mir mein Versicherungsfachmann?

Lebendgebärende kann man auch in kleineren Becken halten.

Auch der Unterbau muss stabil sein. Mittelgroße bis große Aquarien benötigen einen speziellen Aquarienunterbau. Kleinere Aquarien bis zu 60 Liter kann man getrost auch auf ein stabiles Regal oder stabiles Schränkchen stellen. Auf jeden Fall sollte die Stellfläche vollkommen eben und waagrecht sein. Das Aquarium muss außerdem auf einer flachen, puffernden Unterlage wie Styropor oder Polysoftmatten stehen, um die untere Glasscheibe vor eventuellen Unebenheiten zu schützen.

Schwertträger sind gut für Einsteiger geeignet.

Rechtliches

Ein Vermieter kann zwar das Halten von Haustieren im Mietvertrag grundsätzlich verbieten. Jedoch ist er im Streitfall rechtlich angehalten, zwischen den verschiedenen tierischen Mitbewohnern zu unterscheiden. Da von Fischen keine Störung oder Gefahr ausgeht und das Benutzungsrecht einer Wohnung auch Hobbys einschließt, kann das Betreiben eines Aquariums rechtlich nicht verboten werden.

Sicher ist sicher

Falls wider Erwarten ein Aquarium einmal platzen sollte, kann es zu großen Schäden kommen. Dies berechtigt den Vermieter dazu, das Aufstellen eines Aquariums von bestimmten Auflagen abhängig zu machen. Eine Aquarien-Haftpflicht ist, vor allem bei größeren Aquarien, deshalb unbedingt zu empfehlen. Dann ist man auf der sicheren Seite und vermeidet Unannehmlichkeiten.

Und was ist im Urlaub?

Der Urlaub ist für den modernen Aquarianer kein Problem. Ein gut eingefahrenes Aquarium funktioniert fast wie von selbst. Bis zu zwei Wochen können die Fische auch fasten. Soll der Urlaub einmal länger dauern, gibt es zum Glück Futterautomaten (auf sparsame Futtermengen einstellen!) für erschwingliches Geld oder einen zuverlässigen Nachbarn, der etwas von Fischen versteht. Unmittelbar vor der Reise sollte man allerdings unbedingt einen Wasserwechsel durchführen (auch S. 61) und Algen und Mulm beseitigen.

Technik: Ohne geht's nicht

Eine Herausforderung der Aquaristik ist es, die Natur der Herkunftsgewässer der Pfleglinge möglichst genau nachzuahmen. Dazu braucht es Technik – und das nicht zu knapp. Artgerechte physikalische und wasserchemische Faktoren müssen erst einmal im Aquarium geschaffen und konstant gehalten werden.

Tropenfische mögen's warm

Die meisten unserer Zierfische kommen aus den Tropen. Und das bedeutet, dass sie Wassertemperaturen benötigen, die über unserer normalen Zimmertemperatur liegen. Nur wer gern Fische aus unseren Gefilden in seinem Aquarium halten möchte, kann auf Beheizung verzichten. Allerdings mit dem Nachteil, dass die Wassertemperatur sehr stark von der Umgebungstemperatur abhängt. Daher kann es zum Beispiel im Sommer sehr leicht passieren, dass sich ein Aquarium, das eventuell auch noch nah am Fenster im Sonnenlicht steht, zu stark aufheizt und die Fische darunter leiden. Und im Winter könnte es passieren, dass es zu sehr abkühlt, wenn der entsprechende Wohnraum nicht beheizt wird. Daher ist es bezüglich der Temperatur eigentlich viel praktikabler, Warmwasseraquarien zu halten. In diesen Becken kann man das Wasser mithilfe der technischen Einrichtungen konstant auf optimale Temperatur bringen. Nachteil eines Warmwasseraquariums: die anfallenden Kosten für die ständige Beheizung! Allerdings halten die sich insgesamt in Grenzen.

Die Heizleistung

Wie stark muss die Heizung denn sein? Für die Heizleistung gilt die Regel, dass bei Zimmertemperatur ein halbes Watt pro Liter Wasser ausreicht. In kühleren Räumen sollte mit einem Watt pro Liter gerechnet werden.

Verschiedene Heizer

Es gibt verschiedene Möglichkeiten, ein Aquarium zu beheizen:

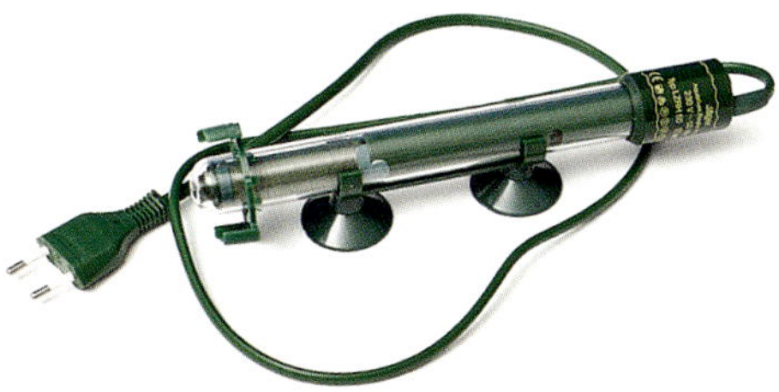

Stabheizer

Stabheizer Dieser wird mit Saugnäpfen senkrecht im Aquarium angebracht. Der Wasserstrom, der über den Filter erzeugt wird, sorgt dafür, dass die Wärme gleichmäßig im Wasser verteilt wird.

Bodenheizungen Heizmatten, die man unter das Aquarium legt, sind nicht so günstig, da sie viel Wärme an die Umgebung abgeben. Heizkabel, die am

So werden Heizkabel verlegt.

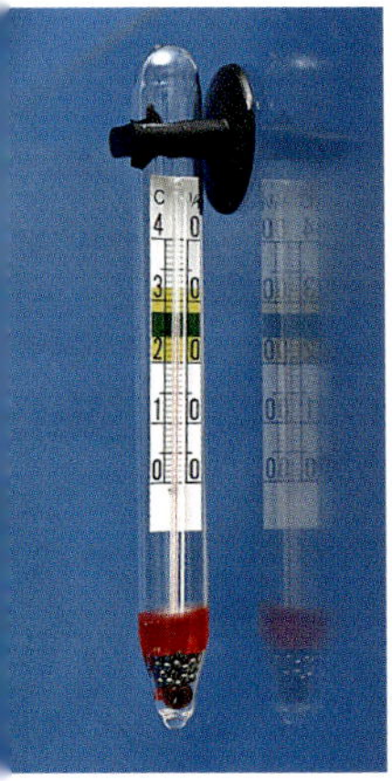

Ein Thermometer darf in keinem Becken fehlen.

Beckenboden verlegt werden, sind dagegen empfehlenswerter. Sie sorgen für Wasserzirkulation im Bodengrund, was vor allem den Pflanzen zugute kommt. Allerdings ist zu empfehlen, zusätzlich einen Stabheizer einzusetzen, um die Heizkabel nicht auf vollen Touren laufen lassen zu müssen. Das könnte den Pflanzen schaden.

Thermofilter Eine raffinierte technische Einrichtung sind Thermofilter. Während das Wasser durch den Filtertopf läuft, wird es auf die richtige Temperatur gebracht.

Filter: Für klare, saubere Verhältnisse

In einem natürlichen Gewässer erfüllen eine Menge Organismen wie Pflanzen, Bakterien, Einzeller, tierisches und pflanzliches Plankton die Aufgabe der Reinigung und Instandhaltung des Milieus. In der nötigen Menge und in der Artenvielfalt sind sie im „Minigewässer" Aquarium nicht vorhanden.
Filter erfüllen mehrere Aufgaben: Sie reinigen das Wasser von gröberen Partikeln, die es trüben. Die Partikel bleiben an der Filtermasse hängen und können regelmäßig ausgewaschen werden. Die zweite Aufgabe besteht darin, die Abfallstoffe – gelöste oder ungelöste organische Substanzen – umzuwandeln. Das bewerkstelligen Bakterien, die sich auf der Oberfläche des Filtermaterials niederlassen. Daher ist es nützlich, wenn das Material eine möglichst große Oberfläche im Vergleich zu seinem Volumen besitzt. Außerdem bewirkt ein Filter auch die Wasserzirkulation. Diese gewährleistet, dass die Wärme und die Nährstoffe für die Pflanzen gleichmäßig im Wasser verteilt werden.
Bei größerer Pumpleistung sorgt ein Filter auch für Sauerstoffanreicherung im Wasser. Aber Vorsicht: Zu viele Turbulenzen an der Wasseroberfläche treiben wertvolles CO_2 aus dem Wasser – doch dazu später mehr.

Innenfilter

Innenfilter werden im Aquarium untergebracht und sind häufig in kleineren Aquarien zu finden. In diesem Falle unterscheiden wir luftbetriebene Filter und motorbetriebene Filter. Die luftbetriebenen Filter werden durch eine Luftpumpe angetrieben, die sich außerhalb des Beckens befindet. Dabei wird durch den Filter Luft getrieben, die beim Aufsteigen schließlich Wasser mittransportiert und durch das Filtermaterial presst. Schmutz- und Trübstoffe werden so gefiltert und organische Stoffe abgebaut. Geeignet ist die luftbetriebene Filterung vor allem in kleinen Becken oder in Aufzuchtbecken, die eine sanfte Filterung benötigen.
Beim motorbetriebenen Innenfilter befördert eine Kreiselpumpe das Wasser durch das Filtermaterial, das in der Regel – wie beim luftbetriebenen Filter auch – aus Schaumstoff besteht und sowohl die mechanische als auch die biologische Filterung übernimmt. Die Leistung dieser Filter ist um vieles höher als die der luftbetriebenen. Das gesamte Wasser des Aquariums durchläuft so mehrmals pro Stunde das Filtermaterial. Die Leistung und Größe des motorbetriebenen Innenfilters sollte von der Beckengröße abhängig gemacht werden.
Durch ihre Größe nur für sehr geräumige Aquarien tauglich sind sogenannte Mehrkammerfilter: Das Wasser kann in diesen Geräten durch die verschiedenen Filtermaterialien mehrerer Kammern strömen,

und es lässt sich häufig in eine Kammer auch ein Heizstab integrieren. Das Wasser wird dadurch gleichmäßig erwärmt.

Außenfilter

Außenfilter befinden sich außerhalb des Aquariums. Sie sind bestens geeignet für sehr große Aquarien, da sie eine hohe Durchflussrate besitzen und sehr viel unterschiedliche Filtermasse in den großen Töpfen untergebracht werden kann. Über einen Schlauch gelangt das Wasser in den Filtertopf und fließt in der Regel von unten nach oben durch die verschiedenen Filtermassen und – angetrieben durch eine Kreiselpumpe – wieder zurück in das Aquarium. Vor der Inbetriebnahme muss darauf geachtet werden, dass ein geschlossener Wasserkreislauf existiert, das heißt, dass der Filter und die Schläuche mit Aquariumwasser vollständig gefüllt sind. Bitte genau die Betriebsanleitung befolgen. Verglichen mit Innenfiltern sind Außenfilter um einiges teurer. Aber für große Aquarien sind sie unbedingt ratsam.
Es gibt noch eine Reihe anderer Filtertypen. Lassen Sie sich bei Ihrem Zoofachhändler gut beraten. Es sollten annähernd 80–100 Prozent des Beckeninhalts in der Stunde gereinigt werden. Da jedoch die Filtermaterialien mit der Zeit immer weniger Wasser passieren lassen, muss regelmäßig eine Reinigung erfolgen und ab und zu auch ein Wechsel des Filtermaterials. Wichtig ist, dass auch hier die Technik den Bedürfnissen der Fische angepasst wird. Schließlich mögen nicht alle Fische dieselbe Strömungsintensität.

Außenfilter sind sehr effektiv und für große Aquarien ratsam.

Herz des Filters – das Filtermaterial

Innenfilter sind in der Regel nur mit den erwähnten Schaumstoffpatronen bestückt. Diese erfüllen sowohl die mechanische als auch biologische Funktion eines Filters. Mehrkammerfilter und Außenfilter lassen sich dagegen mit verschiedenen Materialien zur mechanischen und biologischen Filterung bestücken. Perlonwatte oder Schaumstoff dienen zur Abfilterung der Schmutzpartikel. Diese Materialien kommen zuunterst in den Außenfilter. Zur biologischen Reinigung als zweite Filterstufe eignet sich gröberes Schaumstoffmaterial (Porenweite 0,1 – 0,2 cm). Häufig verwendet man auch Keramikringe. Allerdings ist bei diesen die Oberfläche relativ klein – es können sich also nicht so viele Bakterien ansiedeln. Weitere geeignete Materialien zur biologischen Reinigung sind Lavabruch oder Tongranulat, die relativ große

Oberflächen bilden. Auch die sogenannten Bioballe aus Polypropylenfäden bilden eine riesige Oberfläche. Allerdings sind sie durch ihren Durchmesser von 3,5 cm nur für sehr große Aquarienfilter geeignet oder für große Filteranlagen, wie sie bei Teichen zum Einsatz kommen. Häufig sind diese „Bactoballs" das Material für Rieselfilter, in denen das Wasser langsam von oben nach unten „rieselt".

Besondere Filtermaterialien

Aktivkohle kommt dann zum Einsatz, wenn vorher Medikamente gegen eine Fischkrankheit eingebracht wurden, oder bei Vergiftungen von außen. Aktivkohle kann diese Substanzen, aber auch andere chemische Substanzen, adsorptiv binden. Leider auch Pflanzennährstoffe, sodass der Einsatz von Aktivkohle wohlbedacht sein sollte. Dieses Material muss daher nach seiner „Pflichterfüllung" wieder aus dem Filter entfernt werden.

Torf ist ein geeignetes Material, wenn der pH-Wert und die Karbonathärte zu hoch sind. Außerdem benutzt es der Aquarianer auch zur sanften Ansäuerung von Zuchtwasser für Weichwasserfische. Allerdings sind heute die technischen Methoden zur Ansäuerung von Wasser durch Umkehrosmoseanlagen um einiges effektiver.

Zeolith dient vor allem zur Eliminierung von Ammoniak aus dem Wasser. Eventuell eine Option für plötzlich auftretende hohe Ammoniak-Werte. Längerfristig ist Zeolith als Filtermedium jedoch nicht zu empfehlen, da es auf die Dauer die Nahrungsgrundlage für wichtige Bakterien entzieht, nämlich das Ammonium.

Die Zeitschaltuhr für die Beleuchtung sorgt für den künstlichen Tag-/Nachtrhythmus.

Licht: Künstliche Sonne muss sein!

Auf künstliches Licht kann kein Aquarianer verzichten. Die Intensität des Tageslichts, das durch die Fenster die Zimmer erhellt, reicht beileibe nicht aus, um die Pflanzen mit der nötigen Energie zu versorgen. Eher stellt man nach kurzer Zeit eine intensive Algenblüte fest. Künstliches Licht kann dagegen den Bedürfnissen der höheren Wasserpflanzen und der Fische angepasst werden. Außerdem ist zu bedenken, dass der Tag in den Tropen das ganze Jahr hindurch konstant 12 Stunden dauert. Dieser Tag-Nacht-Rhythmus steuert auch den Biorhythmus der Fische auf die richtige Weise. Die Beleuchtungsdauer lässt sich einfach über eine Zeitschaltuhr einstellen. Je mehr Licht, desto besser. Eine Ausnahme: Wer dämmerungs- oder nachtaktive Fische hält, sollte darauf achten, dass das Licht nicht zu hell ist. Dann müssen aber auch Kompromisse bezüglich der Aquarienpflanzen eingegangen werden.

Leuchtstoffröhren

Der Aquarienhandel bietet eine Fülle von Leuchtstoffröhren an, deren Farbspektren unterschiedliche Rot- und Blauanteile aufweisen. Am besten besorgt man sich Röhren mit Tageslichtcharakter. Diese besitzen einen sogenannten Farbtemperaturwert

von 10.000 K (= Kelvin). Dieses Licht bietet ein ausgeglichenes Spektrum, das auch den Pflanzen entgegenkommt. Außerdem wirkt die Beleuchtung nicht so künstlich. Für Aquarianer, die großen Wert auf die Farbwirkung der Fische legen, sind Leuchtstoffröhren mit bis zu 18.000 K angezeigt. Allerdings profitiert bei diesen Farbtemperaturwerten leider auch das Algenwachstum. Daher ist eine Kombination mit Tageslichtröhren anzuraten, um unerwünschter Algenvermehrung vorzubeugen. Der Farbtemperaturwert ist übrigens in der Regel auf der Röhrenverpackung angegeben. Leuchtstoffröhren verlieren mit der Zeit an Intensität und sollten deshalb spätestens nach einem Jahr ausgewechselt werden.

HQL-Lampen

Für Becken mit einer Tiefe von über 50 cm bietet der Fachhandel auch sogenannte Quecksilberdampfleuchten (HQL-Lampen) an. Diese werden über dem offenen Aquarium angebracht. Die Lampen bündeln das Licht stärker und sorgen für eine kräftige Durchleuchtung des Beckens. Allerdings sollten ohne Abdeckung keine allzu springfreudigen Fische das Aquarium bewohnen. HQL-Lampen haben außerdem einen deutlich höheren Energieverbrauch als Leuchtstoffröhren. In der heutigen Zeit sollte man es sich also gut überlegen, ob man nicht doch lieber die umweltfreundlichere Variante mit den Leuchtstoffröhren wählt.

Oft vernachlässigt – die CO_2-Versorgung

Viele Wasserpflanzen in Aquarien leiden darunter: CO_2-Mangel. Das wichtige Kohlendioxid-Gas ist im Wasser oft Mangelware. Zwar sorgen Fische und Bakterien für ständigen CO_2-Nachschub. Aber häufig reicht diese Menge nicht aus, um die Pflanzen genügend zu versorgen. CO_2 entweicht außerdem sehr schnell aus dem Wasser. Zum Beispiel auch dann, wenn das Aquarium mit einem Ausströmerstein belüftet wird oder wenn der Filter zu viele Turbulenzen auf der Wasseroberfläche verursacht. Den CO_2-Gehalt kann man leicht

CO_2-Gehalt (mg/l) aus pH-Wert und Härte errechnen

Karbonathärte (°d)	pH-Wert 6,6	6,8	7,0	7,2	7,4	7,6
2	16	10	7	4	3	2
4	32	20	13	8	5	3
6	50	30	20	12	8	5
8	65	40	25	16	10	6
10	80	50	32	20	13	8
12	100	60	40	24	15	10
14	115	70	45	28	18	11
16	130	80	50	32	20	12
18	145	90	58	36	23	14
20	160	100	65	40	25	16

empfohlener Härtebereich

empfohlener pH-Bereich

Bereich mit optimalem CO2-Gehalt

nach Dreyer/Keppler

über den pH-Wert und die Karbonathärte bestimmen. Der Tabelle entnehmen Sie den optimalen CO_2-Gehalt.
Über die CO_2-Düngung lässt sich übrigens auch der pH-Wert des Aquarienwassers nach unten korrigieren. Doch dazu später mehr.
Zur CO_2-Düngung gibt es verschiedene Möglichkeiten. Im Handel erhältliche Düngetabletten reichen im Allgemeinen nicht aus. Auch die kleinen sprühflaschenähnlichen Vorratsbehälter mit Diffusionsrohr, die im Fachhandel angeboten werden, sind auf die Dauer nicht befriedigend. Ebenso wenig die Bio-Kohlensäure-Geräte, die über eine alkoholische Gärung das Kohlendioxid gewinnen und ins Wasser abgeben.

Druckgasflaschen

Die effektivste und am besten zu kontrollierende CO_2-Düngung erreicht man über eine CO_2-Druckgasflasche mit dem dazugehörigen Druckminderer und einer Diffusionseinrichtung. Eine genaue Kontrolle ist dabei unumgänglich. Zu viel CO_2 kann Fischen und nützlichen Bakterien zum Verhängnis werden. Ein weiterer Vorteil von Gasflaschen-Systemen: Die lassen sich nachts abstellen. Zu dieser Tageszeit produzieren die Pflanzen selbst das CO_2. Allerdings ist die Düngung über Gasflaschen leider auch die teuerste Lösung.
Die Druckflaschen haben bei Zimmertemperatur einen Innendruck von ca. 60 bar. Die Größen für den Aquariengebrauch schwanken zwischen 300 g und 10 kg! Bei einem 100-Liter-Aquarium kann man von einem CO_2-Verbrauch von ungefähr einem Gramm pro Tag ausgehen. Eine Druckflasche mit 1000 g reicht also für fast drei Jahre aus. Druckflaschen dürfen nicht länger als 10 Jahre im Verkehr sein. Daher bitte auf den TÜV-Stempel mit dem entsprechenden Datum achten.
Zur Druckminderung gibt es Nadelventile oder Druckminderventile. Die billigeren Nadelventile sind nicht zu empfehlen, da mit diesen schwer zu hantieren ist und sie überdies unzuverlässig arbeiten.
Auch zur Diffusion – also zur Beimischung des CO_2 – bietet der Markt einige verschiedene Geräte an. Am besten lassen Sie sich bei einem Fachhändler beraten.

Belüftung – muss nicht sein

Die Versorgung mit zusätzlichem Sauerstoff ist in einem gut bepflanzten Aquarium eigentlich überflüssig, da die Pflanzen für reichlich Sauerstoff-Nachschub sorgen. Viele tropische Fische sind außerdem an geringe Sauerstoffverhältnisse angepaßt und einige unserer Aquarienfische sind dazu in der Lage, atmosphärischen Sauerstoff zu atmen (zum Beispiel Labyrinthfische oder Panzerwelse). Die Pflanzen sorgen – wie in der Natur – für die Bereitstellung dieses lebensnotwendigen Gases. Außerdem treiben die über die Luftpumpen eingebrachten Luftblasen das wertvolle CO_2 aus dem Wasser.

Scheibenreiniger mit magnetischer Führung

Membranpumpen

Manchmal kann es aber nötig sein, nachts, wenn die Pflanzen keinen Sauerstoff mehr produzieren, mit Belüftung nachzuhelfen. Auch in speziellen Aquarien, die weitgehend auf Pflanzen verzichten, ist das Belüften mit einer Membran- oder Kolbenpumpe sinnvoll. Gleiches gilt für sterile Zuchtbecken. Vergewissern Sie sich beim Kauf einer solchen Pumpe, dass der Geräuschpegel des Geräts nicht zu hoch ist. Die Luft wird über einen Schlauch mit Ausströmerstein in das Wasser geleitet. Dabei bilden sich kleinste Luftblasen, die dann den Sauerstoff in das Wasser diffundieren lassen. Eine Gefahr besteht bei Stromausfall: Über den Schlauch kann dann Wasser in die Pumpe gelangen und diese zerstören. Daher ist es zweckmäßig, den Schlauch mit einem Rückschlagventil zu versehen. Auf das Rauchen sollte im Raum verzichtet werden, da der Qualm über die Pumpe ins Wasser gelangt.

Diffusoren

Eine weitere Möglichkeit zur Belüftung des Aquariums ist die Anbringung von Diffusoren am Auslaufschlauch eines Außenfilters. Das durchströmende Wasser saugt von außen Luft an und drückt es ins Wasser unseres Aquariums. Davon profitieren im Übrigen auch die aeroben Bakterien im Filtermaterial. Und ein weiterer Vorteil: Diese Art der Belüftung benötigt keinen weiteren Strom.

Und was man sonst noch braucht

Zum Absaugen der Bodenablagerungen wie Kot-, Futterreste und absterbende Pflanzenteile eignen sich Mulmglocken. Diese sind an einem Schlauchende befestigt. Beim Wasserwechsel können Sie damit gleich zwei Fliegen mit einer Klappe schlagen. Teurer als die praktischen Mulmglocken sind elektrisch betriebene Bodenreiniger. Zur Reinigung der Scheiben von Algenbelägen sind Klingen an Stäben oder Kratzer mit Magnetführung im Handel erhältlich. Zur weiteren Grundausstattung gehören: Eimer oder Gießkanne, Fangnetze und Schläuche.

Beim Teilwasserwechsel sollten Sie unbedingt darauf achten, dass die Behälter ausschließlich zu diesem Zweck benutzt werden! Sonst riskieren Sie, dass das Becken durch Reinigungschemikalien oder Ähnliches verunreinigt wird.

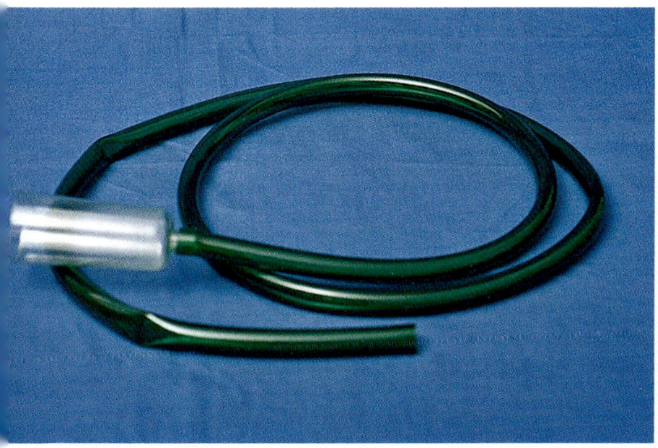

Schlauch mit Mulmglocke

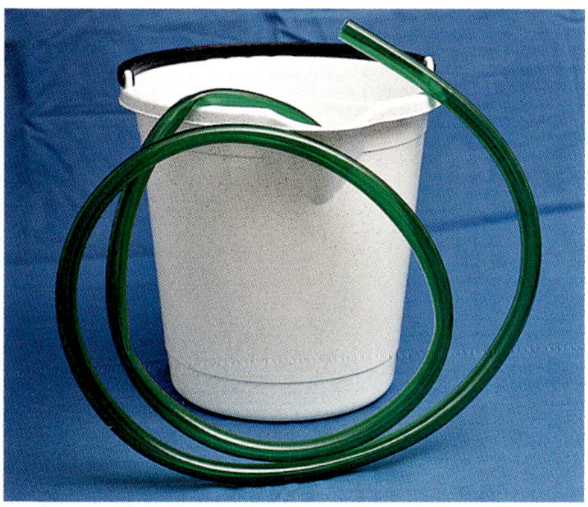

Schläuche, Fangnetz und Eimer: unverzichtbare Utensilien zur Aquarienpflege

Einrichten – mit Geschmack und Verstand

Ein Aquarium soll beileibe kein Kunstwerk sein. Geschmackvolles Einrichten bedeutet auch Freude an der Natur und an natürlichen Vorgängen. Daher sei von vornherein gesagt: Plastikpflanzen sind in einem schönen und gut funktionierenden Aquarium nicht zu finden. Auch bei der Einrichtung gilt: Die Bedürfnisse der Fische stehen im Vordergrund. Für viele Fische ist z. B. ausreichend freier Raum zum Schwimmen erforderlich. Für andere gilt es, genügend Versteckmöglichkeiten zu schaffen. Wieder andere schätzen eine dichte Bepflanzung oder mögen es, wenn Wurzeln zum

Ästhetik und Funktion: ein reich bepflanztes Becken bietet beides.

Vorsicht: *Keinen scharfkantigen Kies für den Bodengrund verwenden!*

Abraspeln vorhanden sind. Viele Fische stellen andererseits besondere Ansprüche an den Bodengrund. Daher steht vor dem Kauf der Dekorationsgegenstände die Klärung der Frage: Welche Fische, welche Art von Aquarium möchte ich haben?

Der Bodengrund

Gewöhnlich verwendet man im Aquarium Kies mittlerer Körnung (1–3 mm). Diese Körnung erlaubt genügend Bodenwasserzirkulation, was Ihnen Ihre Pflanzen danken werden. Natürlich gibt es im Handel auch noch viel gröbere Körnungen zu erwerben. Dies macht Sinn vor allem bei größeren Becken, in die man auch verschiedene Bodentypen einbringen möchte. Allerdings haben herkömmliche Aquarienpflanzen eher schlechtere Karten, auf diesem grobkörnigen Substrat gut zu gedeihen. Der Aquarienkies sollte nie kalkhaltig sein und auch nicht allzu hell. Fische sind in der Natur eher an einen dunkleren Untergrund angepasst, und die prächtigen Farben der Tiere kommen dann auch vor dunklerem Ambiente besser zur Geltung. Darauf achten: die Körnchen sollten nicht scharfkantig sein. Das birgt Gefahren für bodenbewohnende Fische wie Welse, die ihre Barteln an kantigem Kies verletzen können.

Vorher waschen

Der im Fachhandel erworbene Bodengrund ist in der Regel gewaschen, kann aber trotzdem anfangs noch Wassertrübungen verursachen. Wer sichergehen möchte, sollte den Aquarienkies selbst noch einmal unter fließendem Leitungswasser auswaschen. Dazu bringt man den Kies portionsweise in

CHECK

Das brauche ich zum Einrichten

- [ ] Glasbecken
- [ ] Aquarienunterbau
- [ ] Aquarienabdeckung mit Beleuchtungseinrichtung
- [ ] Heizung
- [ ] Filter und Filtermaterial
- [ ] Leuchtstoffröhren oder Quecksilberdampfleuchten (dann keine Abdeckung)
- [ ] CO_2-Düngeanlage (Druckflasche, Druckminderer, Diffusionsgerät)
- [ ] Eventuell Membran- oder Kolbenpumpe
- [ ] Mehrfachstecker für elektrische Anschlüsse
- [ ] Wasseraufbereitungsmittel
- [ ] Bodengrund
- [ ] Wurzeln, Steine
- [ ] Pflanzen
- [ ] Scheibenreiniger
- [ ] Schlauch (Durchmesser 20 mm, Länge 2 m)
- [ ] Fangnetze
- [ ] Eimer oder andere Behälter

TIPP

Langzeitdünger

Der Bodengrund dient auch als Nährstoffdepot für die Pflanzen. Daher empfiehlt es sich, eisenhaltige Bodenbeimischungen als Langzeitdünger zu verwenden. Das ermöglicht den Pflanzen eine schnellere, bessere Verankerung im Untergrund. Dieser Depotdünger wird zuunterst bis zu einer Höhe von 1 bis 2 cm in das leere Becken eingefüllt.

einen Topf oder Eimer und spült ihn so lange aus, bis das überlaufende Wasser klar ist. Weitere geeignete Möglichkeiten für den Bodengrund sind dunkler oder heller Quarzsand. Bei sogenanntem Flusssand besteht die Gefahr der Verdichtung, er ist daher nicht so gut geeignet.

Wurzeln verleihen dem Aquarium auch Wärme und Strukturvielfalt.

Steine im Aquarium sorgen für viele Versteckmöglichkeiten und sind schön anzuschauen.

Wurzeln

Wurzeln dienen als Versteck, als Substrat für Aufsitzerpflanzen, als Ballaststoffquelle für Antennenwelse, können zu hohe pH-Werte nach unten regulieren helfen und verleihen dem Aquarium vor allem gemütliche Wärme und Natürlichkeit. Im Fachhandel erhältliche Wurzeln sind vor allem Moorkienwurzeln. Diese sind durch ihre Lagerung in Mooren mit Huminsäuren imprägniert. Oft geben die Wurzeln so genannte Tannine ins Wasser ab, die dieses nicht nur etwas ansäuern, sondern auch nach gewisser Zeit bräunlich verfärben können. Wird die Verfärbung zu intensiv, kann man durch Filterung mit Aktivkohle Abhilfe schaffen. Eine andere Möglichkeit wäre, das Moorkienholz vor dem Einsetzen lange zu wässern oder zu kochen. Dadurch lassen sich Tannine von vornherein eleminieren. Für Aquarien mit Fischen, die hartes, karbonatreiches Wasser benötigen, sind solche Wurzeln allerdings nicht geeignet.
Von selbst gesammelten Wurzeln ist abzuraten. Diese würden in kurzer Zeit faulen und das Wasser verderben.

Steine

Auch Steine sind als Dekorationsmaterial bestens geeignet. Mit ihnen kann man Höhlen gestalten, Felsen nachahmen oder verschiedene Ebenen aufbauen. Sie können auch als Reviermarker für einige Fischarten dienen. Manchen Pfleglingen dienen sie als Ablaichplätze. Wie beim Kies ist auch bei Steinen darauf zu achten, dass sie kalkfrei sind. Daher eignen sich Sandstein, Lava, Schiefer, Flussstein oder Granit vorzüglich für das Aquarium. Nur in Becken, die die ostafrikanischen Grabenseen nachahmen und in erster Linie dort ansässige Cichliden beherbergen, sind Kalksteine sogar erwünscht. Größere Steine sollten im Aquarium aber mit dünnem Styropor unterlegt werden, damit sie den Glasboden des Aquariums nicht beschädigen.

Die Rückwand

Um dem Aquarium Tiefe zu verleihen, kann man die Rückwand entsprechend dreidimensional gestalten. Dazu bietet der Fachhandel verschiedene Möglichkeiten an. Immer beliebter werden naturnah gestaltete Korkwände, die einen Uferabschnitt darstellen. Darauf lassen sich zum Beispiel auch echte Pflanzen befestigen (bitte Anweisungen des Herstellers zur Installation genau beachten). Andere Strukturrückwände können aus Kunststoff bestehen und stellen zum Beispiel Felswände dar.

Selber machen

Man kann Rückwände mit entsprechendem handwerklichen Geschick selbst konstruieren: aus echten Steinen (zum Beispiel Granit) oder auch aus Korkmaterialien. Dabei sind der Fantasie keine Grenzen gesetzt. Wichtig dabei ist die richtige Befestigung und Sicherung der eingebrachten Materialien. Die weitaus einfachste Möglichkeit aber ist, die Rückwand von außen mit einem dunklen Karton zu versehen oder sie mit dunklem Lack anzustreichen. Auch das vermittelt einen Tiefeneindruck

Welse freuen sich über mannigfaltige Strukturen am Boden.

und lässt auch die Fische farbenprächtiger aussehen. Für die Rückwand gibt es im Handel überdies mit Unterwassermotiven bedruckte Tapeten, die von außen aufgeklebt werden.

Beim Zoofachhändler

Der erste Gang zum Zoofachhändler ist immer aufregend, und die Vorfreude ist groß. Schnell erkennt man jedoch, dass die Besorgung der nötigen Dinge nicht ganz einfach ist, auch wenn man sich die Anschaffungen vorher gut überlegt hat. Denn das Angebot an Aquarien, technischen Geräten und anderen Utensilien ist teilweise verwirrend vielfältig. Daher sind Ruhe und Besonnenheit beim Einkauf angesagt. Stellen Sie dem Fachberater im Zoohandel wirklich alle Fragen, die Ihnen auf der Seele brennen – Sie sind Kunde, Sie sind König. Allzu hektische Zeiten sollten Sie jedoch meiden. Es bietet sich an, einen halben oder ganzen Tag Urlaub zu nehmen,

Platys eignen sich für ein Einsteiger-Aquarium.

Zuerst kommen Bodengrund, Technik und Dekomaterialien in und ans Aquarium.

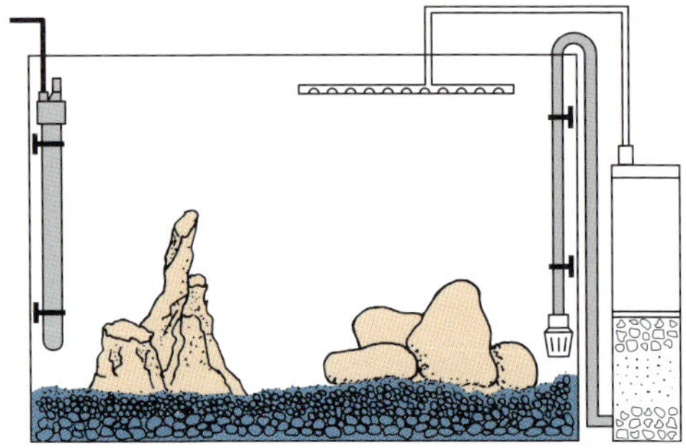

um sich in Ruhe umzusehen und sich vom Zoofachhändler ausführlich beraten zu lassen.

Die Kosten

Die Kosten für die Erstanschaffung eines Aquariums mit all den nötigen Utensilien sind insgesamt nicht gering. Von den unterschiedlichen Preisen kleiner oder großer Becken einmal abgesehen, sollten Sie auf jeden Fall mit einer dreistelligen Euro-Summe rechnen, bei der mit großer Wahrscheinlichkeit keine Eins an erster Stelle steht. Besonders dann, wenn Sie sich auch noch für den Kauf einer CO_2-Düngeanlage entscheiden. Außerdem: Das billigste Material ist nun mal – wie fast immer – nicht gerade das zuverlässigste.

Jetzt geht's richtig los

Mit vollen Einkaufstaschen kommen Sie zu Hause an und brennen darauf, sofort mit der Einrichtung zu beginnen. Richtig so! Aber besonders jetzt sind Ruhe und Geduld angesagt. Der richtige Ablaufplan muss eingehalten werden. Auf die Reihenfolge kommt es an. Ist das Aquarium am richtigen Platz und sachgemäß aufgestellt, wird zuerst die Bodenheizung in gleichmäßigen Schlingen verlegt.

Füllen Sie das Wasser so ein, dass der Bodengrund nicht aufgewirbelt wird.

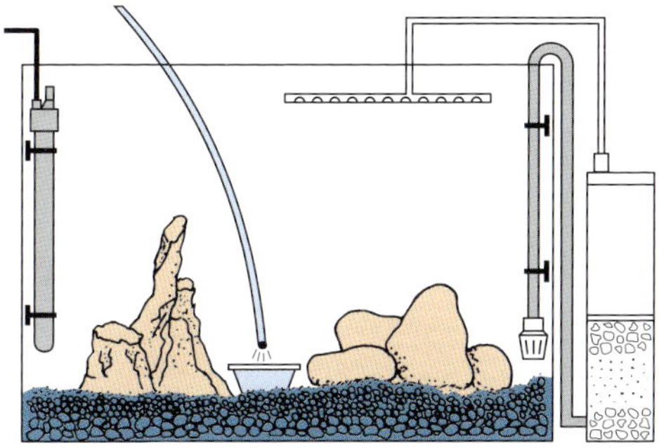

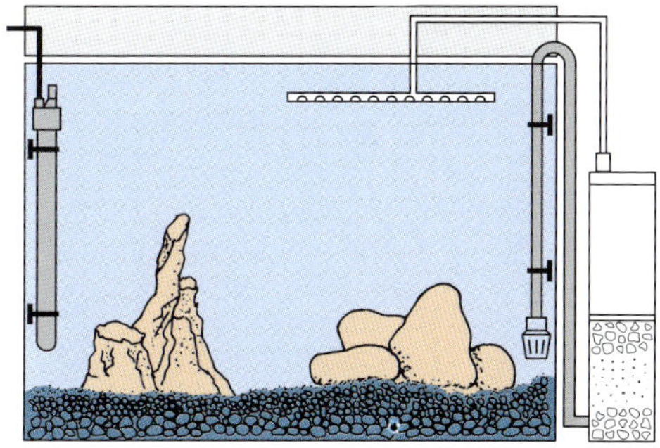

Eigentlich könnten jetzt die Abdeckung und das Licht installiert werden. Aber halt, da fehlt doch noch etwas?

Richtig! Die Pflanzen müssen noch eingesetzt werden. Am besten zeichnen Sie vorher einen Pflanzplan.

Erst nach einer Einfahrzeit von etwa zwei Wochen sollten die Fische eingesetzt werden. Achten Sie darauf, dass sich die Fische an das neue Milieu gewöhnen können.

Dann kommt der Bodengrund an die Reihe. Füllen Sie das Aquarium so weit mit dem Kies auf, bis die Höhe des Bodengrunds etwa 5 bis 6 cm beträgt. Es hat sich bewährt, dass die Schichthöhe von vorn nach hinten ansteigt, da sich dann der Mulm an der Frontscheibe sammelt und leichter abgesaugt werden kann. Falls Sie Bodengrund mit Depotdünger verwenden, ist dieser zuerst einzubringen. Darauf kommt düngerfreier Kies. Lesen Sie unbedingt die Gebrauchsanweisung des Depotdüngers. „Pflanzenfreaks" schwören im Übrigen darauf, die untere Bodenschicht mit Lehm oder Ton anzumischen, um den Pflanzen den im Lehm vorhandenen Nährstoffanteil zukommen zu lassen. Allerdings ist hierbei Vorsicht geboten: das Hantieren bei der Pflege des Aquariums oder auch stark gründelnde Fische führen eventuell zu starken Trübungen des Wassers. Außerdem muss nach gewisser Zeit immer wieder frischer, nährstoffreicher Lehm oder Ton „eingebuddelt" werden. Also doch ziemlich aufwendig.

Technik installieren

Jetzt folgen Innenfilter, Stabheizung, CO_2-Düngeanlage und eventuell Messgeräte. Diese technischen Einrichtungen sollten so angebracht sein, dass sie von der Dekoration kaschiert werden. Das ist für ein naturnahes Erscheinungsbild des Aquariums unbedingt erforderlich. Wenn Sie größere Steine und Felsaufbauten verwenden möchten, sollten Sie vor Einbringung des Bodengrundes an den entsprechenden Stellen Styroporunterlagen positionieren und dann die Steine daraufstellen. Überflüssiges Styropor entfernen Sie anschließend.

Wurzeln und kleinere Steine kommen auf den Bodengrund. Wurzeln haben aber leider oft den Nachteil, dass sie aufschwimmen. Sie können die Wurzel entweder vorher lange wässern (kann unter Umständen Wochen dauern). Oder Sie können die Wurzel beispielsweise mit rostfreien Nägeln auf einer Kunststoffplatte befestigen. Die Platte mit der Wurzel kommt dann vor dem Einbringen des Bodengrunds in das Aquarium. Eine andere, aber riskantere Möglichkeit ist, die Wurzel mit Steinen zu fixieren.

Wasser einfüllen

Endlich, jetzt kann Wasser eingefüllt werden. Aber halt! Vorerst nur ein Drittel des Beckens mit temperiertem Wasser (ca. 25 °C) füllen. Denn jetzt kommen die Pflanzen in das Aquarium. Zur richtigen Bepflanzung später mehr (S. 41).
Dann kann das Aquarium mit Wasser aufgefüllt werden. Achten Sie darauf, dass das Wasser „sanft“ in das Becken gelangt und nicht den Bodengrund aufwühlt. Hier bewährt sich der Einsatz einer Giesskanne. Vergessen Sie auch nicht, Aufbereitungsmittel gegen das aggressive Leitungswasser beizumischen. Achten Sie dabei auf die Anweisungen der Hersteller dieser Substanzen. Ist das Aquarium endlich gefüllt, können die technischen Geräte an den Strom angeschlossen werden.

CHECK

Fische einsetzen

- Die Fische erst zwei Wochen nach der Einrichtung einsetzen.
- Den geöffneten Beutel mit den Fischen aus der Zoofachhandlung vorsichtig zum Temperaturausgleich in das Aquarium hängen (ca. 1/2 Stunde).
- Dann alle 15 Minuten etwa ein Viertel des Beutelinhalts gegen Wasser aus dem Aquarium tauschen, um die Fische an das neue Milieu zu gewöhnen (ca. dreimal wiederholen; Beutelwasser wegschütten).
- Danach Beutelinhalt über ein Fangnetz in einen Eimer ausgießen und sofort die Fische ins Aquarium einsetzen.

Die neuen Pfleglinge müssen Schritt für Schritt an das Aquarium gewöhnt werden.

Alles fertig – und jetzt?

Vielleicht ist das Wasser noch etwas trübe, und die Pflanzen sehen mit ihren hängenden Blättern auch nicht gerade glücklich aus. Aber schon nach ein bis zwei Stunden werden Sie sehen, dass sich das Blatt zum Guten wendet. Jetzt fehlen nur noch die Fische. Geduld! Das Aquarium sollte zuvor zwei Wochen sich selbst überlassen werden und „einfahren“. Erst dann sind die Prozesse im Wasser so weit stabilisiert, dass das Aquarium die Fische aufnehmen kann (Check S. 40).

Pflanzen: Richtig versorgt

Pflanzen sind ein zentrales Element der Dekoration und erfüllen – wie bereits erwähnt – eine Reihe wichtiger Aufgaben im Aquarium. Daher ist von Anfang an eine dichte Bepflanzung des Aquariums angesagt. Allerdings sollte man sich darüber im Klaren sein, dass auch Pflanzen Pflege brauchen, damit sie ihr schönes, erfrischendes Erscheinungsbild beibehalten. Beim Einpflanzen sollten Sie darauf achten, dass hochwachsende Pflanzen wie Stängelpflanzen und Vallisnerien in den Hintergrund des Aquariums kommen und die kleinwüchsigen Pflanzen eher in den Vordergrund. Das gibt dem Aquarium mehr Tiefe, dem Betrachter eine freiere Sicht und den technischen Geräten ein geeignetes Versteck. Einen schönen, harmonisch stimmenden Unterwassergarten zu schaffen ist nicht ganz einfach. Versuchen Sie vorher einen Pflanzplan zu entwerfen, der Ihnen als Grundlage dient und das Einbringen der Pflanzen sehr erleichtert.

Garten Eden? Eine prächtig gedeihende Unterwasserflora mit gesunden Fischen und Pflanzen

Praktische Hilfe bei der Pflanzenpflege: Ein Molly weidet Algen ab.

Das Einpflanzen

Vor dem Einsetzen der Pflanzen müssen Sie sie, je nachdem, wie sie vom Handel weitergegeben werden, von Bleidraht, Steinwolle, Schaumstoffstreifen oder Töpfen befreien. Die Wurzeln von Rosettenpflanzen werden dann auf 3 bis 4 cm zurückgeschnitten.
Mit den Fingern drücken Sie ein Loch in den Bodengrund, in das Sie die Rosettenpflanze vorsichtig bis zum Wurzelhals (der noch sichtbar sein sollte) einsetzen. Das Loch füllen Sie vorsichtig mit Kies auf und drücken diesen leicht an.
Stängelpflanzen werden vorsichtig einzeln in den Bodengrund gedrückt, ohne dass Sie die Stiele quetschen oder verletzen. Stängelpflanzen sollten immer in Gruppen gepflanzt werden. Nur so können sie sich in ihrer Pracht richtig entfalten. Anfangs kann es immer wieder vorkommen, dass sich die Stängel vor allem durch gründelnde Fische aus dem Substrat lösen.
Aufsitzerpflanzen wie Javafarn oder Zwerganubias müssen an Dekorationsmaterial wie Wurzeln oder Steinen befestigt werden. Nehmen Sie dazu einen Nylon- oder stabilen Gummifaden zum Festbinden. Achten Sie darauf, dass Sie die Pflanze nicht quetschen.

Schwimmpflanzen

Nicht zu vergessen: Schwimmpflanzen. Diese werden allerdings nicht eingepflanzt, sondern treiben frei auf der Wasseroberfläche und sind eine hervorragende Versteckmöglichkeit für Fische, die unter der Wasseroberfläche leben. Wichtig bei diesen Pflanzen ist, dass für sie zwischen Wasseroberfläche und Abdeckung genügend Raum zum Atmen bleibt. Allerdings sollte man von den Schwimmpflanzen nicht allzu viele einsetzen, da sie auf der Wasseroberfläche einen nicht unerheblichen Teil des Lichts schlucken, der dann den anderen Pflanzen fehlt. Daher müssen Schwimmpflanzen auch regelmäßig ausgedünnt werden. Diese mögen in der Regel übrigens keine allzu starke Strömung.

Pflanzen pflegen

Nachdem die Pflanzen eingebracht wurden, brauchen diese eine Zeit lang (etwa ein bis zwei Wochen), bis sie einigermaßen angewachsen sind. In dieser Zeit sollten Sie sie nur wenig oder überhaupt nicht düngen (abgesehen vom CO_2). Ansonsten besteht die Gefahr, dass sich die Düngesubstanzen im Wasser anreichern, ohne dass sie von den Pflanzen aufgenommen werden können. Mit einer Bodenheizung wurzeln die neu eingebrachten Pflanzen schneller.

Nach der Anwachsphase müssen Düngemittel regelmäßig, zum Beispiel beim Wasserwechsel, zugegeben werden. Wichtigster Nährstoff ist dabei das Eisen. Es spielt eine wichtige Rolle beim Aufbau des Blattgrüns (sogenanntes Chlorophyll), das zur Fotosynthese der Pflanzen gebraucht wird. Eisen ist im Gegensatz zu anderen Nährstoffen wie Phosphat und Nitrat, das die Fische reichlich produzieren, oder Sulfat, das im Leitungswasser in genügender Menge vorhanden ist, im Aquarium meist Mangelware. Beim Düngen ist aber stets darauf zu achten, dass nicht zu viel von den Mitteln verwendet wird. Schließlich freuen sich auch ungebetene Algen über diesen Nährstoffsegen. Neben Flüssigdünger kann man auch Düngekapseln verwenden, die direkt neben eine Pflanze mit großem Wurzelstock gesteckt werden. Der Dünger wird langsam abgegeben.

Sehr wuchsfreudig sind Stängelpflanzen – daher regelmäßig einkürzen!

CHECK

Pflege und Vermehrung von Pflanzen

- ☐ Regelmäßiger Teilwasserwechsel
- ☐ Regelmäßige Eisendüngerzugabe
- ☐ Regelmäßige CO_2-Kontrolle und gegebenenfalls -Regulierung
- ☐ Schnell wachsende Stängelpflanzen regelmäßig einkürzen
- ☐ Abgeschnittene Triebe kann man wieder einpflanzen
- ☐ Stängelpflanzen mit der Zeit von unten einkürzen
- ☐ Rosettenpflanzen mit vielen Auslegern regelmäßig auslichten
- ☐ Ausleger kann man wieder einpflanzen
- ☐ Absterbende und mit Algen bewachsene Blätter entfernen
- ☐ Pflanzenbestand mit der Zeit verjüngen

Wohl bekomm's! Fischernährung

❶ *Flocken sind die gebräuchlichste Form des Fischfutters für das Aquarium.*

Wie das Maul, so der Fisch

Fische haben unterschiedliche Maulstellungen, die je nach ihrem bevorzugten Lebensraum ausgebildet sind.

Oberflächenfische haben ein oberständiges Maul, mit dem sie die Nahrung besser von oder über der Wasseroberfläche erhaschen können. So jagen sie nach Fliegen und anderem Getier.

Fische, die die mittleren Zonen von Gewässern bevorzugen, haben in der Regel ein endständiges Maul. Sie fressen praktisch alles, was ihnen vor die Nase kommt.

Fische mit einem unterständigen Maul suchen meistens am Gewässergrund oder auf Pflanzen nach Nahrung. Die Maulstellung erleichtert ihnen die Aufnahme der Nahrung.

Fische haben Vorlieben, auch was die Nahrung betrifft. Manche bevorzugen tierische Kost (Karnivore), andere pflanzliche Nahrung (Herbivore), und wieder andere bedienen sich von beidem. Zwischen den Ernährungstypen gibt es keine allzu strengen Abgrenzungen. Manchmal steuert das Angebot an Verzehrbarem das Nahrungsverhalten vieler Fische. Dennoch: Ein herbivorer Fisch beispielsweise wird nur pflanzliche Nahrung optimal verwerten. Das ist bei der Fütterung zu berücksichtigen. Nur so bleiben Fische gesund. Der Zoohandel bietet eine Fülle an fischgerechter Nahrung an, die den Bedürfnissen der Zierfische gerecht wird. Es schadet dennoch nicht, für etwas Abwechslung im Speiseplan zu sorgen.

Trockenfutter

Trockenfutter ist ein Allroundfutter, das in der Regel alle wichtigen Bestandteile enthält. Für die verschiedenen Ernährungstypen und für verschiedene Lebensräume gibt es unterschiedliche Trockenfutter. Wichtig: Immer auf das Haltbarkeitsdatum achten!
Flockenfutter schwimmt eine Zeit lang auf der Oberfläche und sinkt dann langsam zu Boden. Es wird von Fischen bevorzugt, die

An die Scheibe geklebt, sind Futtertabletten eine willkommene Abwechslung.

Es gibt auch Futtertabletten mit einem hohen Anteil an Futter-Algen.

an der Wasseroberfläche oder im freien Wasser fressen. Flockenfutter gibt es in unterschiedlichen Größen.
Futtertabletten sinken schnell zu Boden und sind in erster Linie für Fische gedacht, die am Grund nach Nahrung suchen, wie die meisten Welse zum Beispiel. Für manche Arten, die besonders gern Algen vertilgen, gibt es auch Algen-Futtertabletten. Manche Futtertablettensorten lassen sich an der Innenscheibe eines Aquariums durch leichtes Andrücken gut fixieren: eine willkommene Abwechslung für Fische der mittleren Beckenregion.
Sticks und Pellets sind vor allem für größere Fische gedacht und kommen häufiger in Teichen zum Einsatz.

Lebendfutter

Lebendfutter ist für jeden fleischfressenden Fisch etwas Leckeres. Diese Abwechslung sollte man den Fischen ab und zu gönnen. Manche Fische benötigen immer lebendes Futter. Der gut sortierte Aquarienhandel hält immer einige Sorten von Lebendfutter bereit. Man kann es aber auch selbst züchten, was jedoch zeitaufwendig ist. Eine weitere Möglichkeit ist der Fang von Lebendfutter. Allerdings ist zum einen die Entnahme von Tieren und Pflanzen vor allem aus geschützten Gewässern nicht erlaubt, und zum anderen besteht die Gefahr, unwillkommene Keime und Krankheitserreger einzuschleppen. Wer möchte, der kann aber sein eigenes Gewässer zur Zucht von Kleinkrebsen oder Mückenlarven im Garten anlegen. Dazu braucht man nur eine Regentonne. Wenn das Wasser in der Tonne mit etwas Nährstoffen (z. B. Mist) versorgt wird, können die Erträge erhöht werden.

Tubifex: Diese Würmer sind sehr fett- und proteinreich. Allerdings stammen sie häufig aus stark nährstoffbelasteten Gewässern. Daher sollte man sie vor dem Verfüttern eine Zeit lang wässern. Die Würmer sinken schnell auf den Bodengrund, wo sie sich verkriechen können. Nicht allzu oft verfüttern!

Ein Schmankerl satt: Herzhafte Tubifex-Würmer schmecken auch Welsen.

Wasserflöhe sind planktische Krebstierchen.

Rote Mückenlarven schmecken fast jedem Fisch.

Plankton- oder Kleinkrebse: Die bekanntesten Kleinkrebse sind Wasserflöhe (*Daphnia*, Cladoceren) und Hüpferlinge (*Cyclops*, Copepoden). Sie haben einen hohen Anteil an Ballaststoffen und sind für alle Zierfische ein Leckerbissen. Aufbewahren kann man sie einige Tage in kaltem Wasser in großen Eimern.

Weiße Mückenlarven: Weiße Mückenlarven sind durchsichtige Larven (Glasstäbchen) der Büschelmücken. Diese kommen nur in unbelasteten Gewässern vor und sind ein ausgezeichnetes Lebendfutter. Aufbewahren kann man sie in kaltem Wasser in Eimern.

Rote Mückenlarven: Rote Mückenlarven sind Larven der Zuckmücke (Chironomiden). Sie werden von allen Zierfischen gern gefressen. Man kann auch sie eine Zeit lang in kaltem Wasser in Eimern am Leben halten.

Fruchtfliegen *(Drosophila)*: Die kleinen Fliegen sind ein ausgezeichnetes Futter für Fische, die sich unter der Wasseroberfläche aufhalten. Die Fliegen müssen vor dem Verfüttern etwas „betäubt" werden (schütteln oder kurz kalt stellen). Fruchtfliegen sind leicht selbst zu züchten. Dazu setzt man einen Futterbrei aus Haferflocken, Trockenhefe, etwas geriebenem

Weiße Mückenlarven sind durchsichtig.

Drosophila lassen sich leicht selbst züchten.

Apfel (oder anderem Obst) und etwas Essig an. Den Brei füllt man 2 bis 3 cm hoch in einen durchsichtigen Glas- oder Kunststoffbecher. Diesen schließt man mit einem Schaumstoffpfropfen, nachdem der Zuchtansatz (20 Fliegen vom Handel genügen) in den Behälter gegeben wurde. Nach ungefähr 2 bis 3 Wochen hat man die erste Fliegengeneration.

Frostfutter

Planktonkrebse, Mückenlarven, diverse Würmer oder auch Fisch- und Muschelfleisch sind tiefgefroren erhältlich. Damit sich unsere Pfleglinge an der kalten Speise nicht den Magen verderben, sollten Sie das Frostfutter erst vor der Verfütterung auftauen und zwischenzeitliches Auftauen – etwa beim Einkauf – vermeiden. Vor der Verfütterung lässt man das Futter am besten in ein wenig Aquariumwasser auftauen. Der Nährstoffgehalt geht durch das Einfrieren der Tiere nicht verloren.

Gefriergetrocknetes Futter

Tiefgefrorene Futtertiere werden zur Konservierung vakuumgetrocknet. Auch bei diesem Verfahren bleibt der Nährstoffgehalt der Futtertiere erhalten. Gefriergetrocknetes Futter ist eine ausgezeichnete Abwechslung zum Flockenfutter. Außerdem geben sich anspruchsvolle Genießer unter den Zierfischen oftmals auch mit diesem Futter zufrieden und lassen sich nach und nach auch mit Flockenfutter „abspeisen".

Grünfutter

Auch bei manchen Fischen ist zumindest ab und zu vegetarische Kost angesagt. Harnischwelse, Schmerlen und manche Buntbarsche lassen sich gern mit frischem Gemüse verwöhnen: Überbrühter Spinat, Salat, Erbsen, Gurkenscheiben oder Kartoffelstücke sind allemal ein Leckerbissen für viele unserer Pfleglinge.

Auch „Selbstversorger", die Aufwuchs fressen, brauchen zusätzliches Futter.

Füttern: Wie oft, wie viel?

Es sollte wenigstens zweimal am Tag (morgens und abends) gefüttert werden. Und zwar so viel, wie in wenigen Minuten vertilgt werden kann. Also: zunächst vorsichtig füttern und genau beobachten. Werden alle satt? Grünfutter kann schon mal ein oder zwei Tage im Becken belassen werden. Dämmerungs- und nachtaktive Fische sollten ihre Leckereien erst nach dem Abschalten der Beleuchtung bekommen.

Nachzucht – und plötzlich sind es mehr

Aquarianer kommen manchmal aus dem Staunen nicht mehr heraus: Die Fische haben für Nachwuchs gesorgt, ganz plötzlich und völlig unerwartet. Und das ist bei einigen Arten durchaus bemerkenswert. Denn meistens schafft es die Nachkommenschaft – zumindest in einem Gesellschaftsbecken – kaum über das Larvenstadium hinaus. Und viele Störenfriede machen den Elterntieren schon das Balzleben schwer. Dennoch kommt es bei manchen Arten immer wieder zur Geburt von Sprösslingen, die es bis zur Reife schaffen. Bei lebendgebärenden Fischen ist die Vermehrung im Gesellschaftsbecken sogar die Regel. Genügend Versteckmöglichkeiten und eine strukturreiche Bepflanzung sind die besten Voraussetzungen, damit sich die Jungfische im Haltungsaquarium – auch ohne Zufütterung – vollständig entwickeln.

Zufall oder artgerechte Tierhaltung – die wundersame Vermehrung der Zierfische ist immer wieder ein schönes Erlebnis.

Männlein und Weiblein im Becken: bei Guppys Garantie für Nachkommenschaft

Vom Ei zum Fisch

Ein besonderes Vergnügen für Aquarianer ist es, die Entwicklung im Innern des Fischeies zu beobachten. Dazu genügt schon eine Lupe. Je nach Art hat sich im Ei bereits nach wenigen Stunden oder einigen Tagen eine kleine Larve entwickelt. Diese vollführt mit der Zeit immer heftiger werdende Bewegungen und Verrenkungen. Irgendwann platzt die Eihülle, und die kleine Larve sinkt zu Boden oder heftet sich an Gegenständen fest. Meistens sind Larven in dieser Phase noch nicht fähig zu schwimmen. Zunächst ernähren sie sich von den Nahrungsvorräten im Dottersack. Sind diese aufgebraucht, müssen sie aktiv nach Nahrung suchen und beginnen mit den ersten freien Schwimmübungen.

Gezielte Nachzucht

Wer gezielt züchten möchte, muss einiges über die jeweiligen Fischarten wissen. Das fängt schon bei der Geschlechtsunterscheidung an, die im Jugendstadium nicht einfach oder fast unmöglich ist. Dann ist es ratsam, eine größere Zahl der Fische einzusetzen, um die Wahrscheinlichkeit zu erhöhen, beide Geschlechter unter einem Dach zu vereinen, natürlich nur, wenn es der Art und dem Aquarium zuträglich ist. Viele Arten brauchen bestimmte Reize von außen, damit sie sich vermehren. Beispielsweise löst die Regenzeit das Fortpflanzungsverhalten einiger Zierfische aus (zum Beispiel bei einigen Panzerwelsen). Die Regenzeit kann man durch mehrmaligen Austausch eines Teils des Aquarienwassers mit weicherem und kälterem Wasser nachahmen. Auch über ein wechselndes Nahrungsangebot kann man bestimmte Fische zur Nachwuchsproduktion animieren.

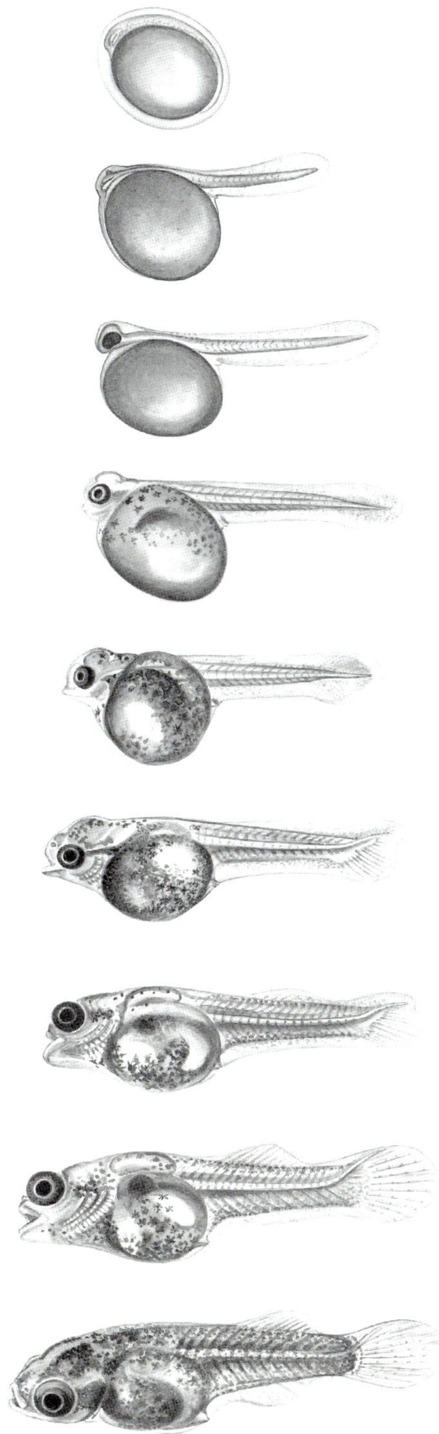

Ei

frisch geschlüpft

1. Tag

2. Tag

3. Tag

4. Tag

5. Tag

6. Tag

7. Tag

Und plötzlich sind es mehr: Guppys sind sehr vermehrungsfreudig.

Neben den äußeren Faktoren müssen auch bestimmte Strukturen in einem Gewässer oder einem Aquarium stimmen. Das Laichsubstrat beispielsweise: Bevorzugen die Fische feinfiedrige oder großflächige Blätter, fein- oder grobkörnigen Untergrund zur Laichablage? Es sind also einige Detailkenntnisse vonnöten.

Das Zuchtbecken

Viele Nachkommen frei laichender Fische würden im Gesellschaftsaquarium keine Überlebenschance besitzen. Daher: Wer die Nachzucht professioneller angehen möchte, der sollte sich ein Zuchtbecken einrichten. Mit einer Größe von 10 bis 30 Liter ist es eher klein. Sauberkeit und Hygiene haben bei der Einrichtung absolute Priorität. Das Becken ist also eher spartanisch eingerichtet. Alle Einrichtungsgegenstände sollten vorher gründlich gereinigt werden. Eine Stabheizung und ein Ausströmer zur leichten Durchlüftung reichen. Als Filter höchstens einen luftbetriebenen Schwammfilter mit geringer Leistung. Schließlich sollen die Kleinen nicht im Filter landen. Es kommt in der Regel kein Bodengrund in das Aquarium.

Die grazile Schläfergrundel gehört zu den Haftlaichern.

Laichsubstrat

Pflanzen gehören nur dann in das Zuchtbecken, wenn sie als Laichsubstrat benötigt werden. Und dann tun's häufig auch Pflanzen aus Kunststoff.

Als künstliches Substrat für Haftlaicher hat sich ein Mopp aus dicken Kunstfaserfäden bewährt. Mithilfe eines Korkens schwimmt er an der Oberfläche, und die Fäden hängen im Wasser.

Da viele Fische ihre abgelegten Eier oft zum Fressen gern haben, muss mit einem Trick gearbeitet werden. Man bedeckt den Boden mit kleinen Glasmurmeln. Legt das Weibchen seine Eier ab, fallen diese zwischen die Lücken der Glasmurmeln und sind für die Eltern nicht mehr erreichbar. Beim Umsetzen der laichbereiten Fische ist darauf zu achten, dass diese sich langsam an das neue Wasser gewöhnen können. Am besten gibt man die Fische in einen Eimer mit Wasser aus dem Haltungsbecken und füllt ihn langsam mit Wasser aus dem Zuchtbecken auf. Erst jetzt sollten die Fische in das Zuchtbecken gesetzt werden. Das Zuchtbecken dient auch dazu, bereits im Haltungsbecken abgelaichte Fischeier oder geschlüpfte Fischlarven aufzuziehen. Auch während der Aufzucht der Jungfische ist auf peinliche Sauberkeit zu achten. Zu diesen Vorkehrungen gehören der tägliche Wasserwechsel und das Absaugen von Kot und Futterresten.

Ablaichkästen

Eine Alternative zu Zuchtbecken sind Ablaichkästen, die direkt ins Becken gehängt werden. Der Aquarianer verwendet diese Kästen vor allem bei kleinen lebendgebärenden Fischen wie Guppys oder Platys. Einige Tage vor der erwarteten Geburt bringt man die trächtigen Weibchen im oberen Teil des Ablaichkastens unter. Bei der Geburt fallen die Jungen durch Schlitze in den unteren Teil des Ablaichkastens und sind so vor den alten Tieren geschützt (auch beim Heranwachsen).

Aufzucht der Jungfische

Larven mit einem Dottersack braucht man noch nicht zu füttern. Erst wenn dieser fast aufgezehrt ist, sollte mit der Fütterung begonnen werden. Dazu eignen sich beispielsweise Einzeller wie Sauginfusorien und Pantoffeltierchen oder Nauplienlarven von Artemia (Salzkrebschen). Wer züchten will, sollte sich auf jeden Fall Literatur besorgen und sich Rat im Fachhandel holen.

Auch der Tüpfelbuntbarsch heftet die Eier auf Substrat.

Die Larven der Salzkrebschen sind gute Aufzuchtnahrung.

Alles im Gleichgewicht
Natürlich gesund

Das Wasser-Einmaleins

Natürlich gesund bedeutet: gesunde Fische und gesunde Pflanzen. Das setzt voraus, dass auch der Lebensraum Aquarium „gesund" ist. Dazu bedarf es der regelmäßigen Kontrolle und Pflege des nassen Milieus, in dem sich unsere Pfleglinge aufhalten.

Wasser als Lösungsmittel

Gesundes Wasser ist eine der wichtigsten Voraussetzungen für eine gesunde Flora und Fauna im Aquarium!

Wasser ist ein Milieu mit ganz besonderen Eigenschaften. Das erklärt sich durch den Aufbau des Wassermoleküls: Es besteht aus einem Atom Sauerstoff und zwei Atomen Wasserstoff, die in einem Winkel von 105° zueinander stehen. Und daraus resultiert – wissenschaftlich ausgedrückt – ein starkes Dipolmoment des Moleküls: sozusagen ein Plus- und ein Minuspol, wie bei einem Magneten. Und diese besondere Molekülstruktur macht die biologischen Vorgänge in diesem Milieu erst möglich.

Wasser ist ein hervorragendes Lösungsmittel. Eine kaum überschaubare Menge an gelösten Stoffen wie Salze, Säuren und Basen sind darin zu finden. Nicht zu vergessen das lebensnotwendige Gas Sauerstoff (O_2) und das für Pflanzen wichtige Kohlendioxid (CO_2). Weitere Gase im Wasser sind Stickstoff, Methan und Schwefelwasserstoff. Außerdem gibt es noch organische Verbindungen, die vor allem durch die Organismen ins Wasser gelangen. Beispielsweise Harnstoff-, Eiweiß- und Zuckerverbindungen.

Durch chemische, physikalische und biologische Einflüsse ändert sich die Menge und Zusammensetzung der im Wasser gelösten Stoffe ständig. Die Zusammenhänge der chemischen und biochemischen Vorgänge im Wasser sind heute dennoch sehr genau erforscht.

Richtige Wasserpflege

Dieses Wissen dient auch der Aquaristik. Erst aufgrund des sehr hohen Wissensstandes über das Milieu Wasser sind die großen und erfolgreichen Schauaquarien auf der ganzen Welt möglich geworden. Aber auch die Fortschritte in der Hobbyaquaristik sind erstaunlich. Jedes Jahr wird eine Fülle

neuer Entwicklungen in diesem Bereich angepriesen und verkauft. Zwar ist man über Verbesserungen und neue Erkenntnisse dankbar. Dennoch kann man mit Stolz behaupten, dass die Aquaristik seit einigen Jahrzehnten die Probleme an der richtigen Stelle anpackt und auch bewältigt.
Um ein Aquarium sachgerecht zu pflegen, ist es notwendig, sich einige grundlegende Kenntnisse über das Milieu Wasser und die physikalischen, chemischen und biologischen Vorgänge anzueignen. Erst dann ist es möglich, Fische und Pflanzen artgerecht zu halten.

Hartes und weiches Wasser

Je nach Region kommt aus dem Wasserhahn härteres oder weicheres Wasser. Verantwortlich dafür ist die Konzentration an Karbonaten (z. B. Kalziumkarbonat) und Hydrogenkarbonaten (z. B. Kalziumhydrogenkarbonat). Der Gehalt wird durch den Einfluss der geologischen Verhältnisse der Region bestimmt. Sickert Regenwasser durch sehr kalkhaltige Gesteinsschichten, reichert sich das Wasser mit den Härtebildnern Kalzium oder Magnesium an, die als Karbonate oder Hydrogenkarbonate im Wasser gelöst sind. Die Summe dieser Härtebildner entspricht der Karbonathärte, die für das Wasser im Aquarium eine ent-

Glaswelse vertragen sowohl etwas weicheres als auch härteres Wasser.

Eher weiches Wasser liebt der Kakadu-Zwergbuntbarsch.

In einem großen, gut bepflanzten Becken bleiben die Wasserwerte stabiler.

scheidende Bedeutung hat. Denn der Gehalt an diesen Salzen nimmt auch Einfluss auf den CO_2-Gehalt und den pH-Wert des Wassers (S. 56). Neben der Karbonathärte gibt es auch die Nichtkarbonathärte, die durch den Gehalt weiterer Salze bestimmt wird. Dazu gehören beispielsweise die Sulfate.

Gesamthärte

Die Summe der Karbonat- und Nichtkarbonathärte ergibt die Gesamthärte, die in Graden Deutscher Härte (°dGH) angegeben wird. Je nach Härtegrad spricht man von weichem oder hartem Wasser.
Für die meisten Fische und Pflanzen ist mittelhartes bis hartes Wasser zur Haltung gut geeignet, auch wenn sie ursprünglich aus Gebieten mit weichem Wasser kommen sollten. Härteres Wasser hat zudem den Vorteil, dass es Säure gut abpuffern kann. Der pH-Wert im Wasser bleibt praktisch stabil.

Die Härtegrade

0 – 7 °dGH	weich	geeignet für Fische aus tropischem Schwarzwasser
8 – 14 °dGH	mittelhart	geeignet für die meisten gezüchteten Zierfische
15 – 21 °dGH	hart	gut geeignet für lebendgebärende Zahnkarpfen
über 21 °dGH	sehr hart	geeignet für Fische aus den ostafrikanischen Grabenseen

↓ *Diskus-Fische brauchen weiches, sehr sauberes Wasser.*

osmose, sind technisch aufwendig, nicht gerade billig und – zumindest der Ionenaustauscher – wartungsintensiv. Voll entsalztes oder teilentsalztes Wasser gibt es auch in einem guten Aquariengeschäft. Durch eine Mischung mit Leitungswasser lässt sich damit der gewünschte Härtegrad einstellen.
Zur Messung der Wasserhärte bietet der Handel Messreagenzien an, mit denen man sowohl Karbonat- als auch Gesamthärte bestimmen kann.

Die Härte verändern

Ist das Wasser zu weich, was seltener vorkommt, besteht die Gefahr, dass der pH-Wert sehr unstabil ist. Anheben kann man die Karbonathärte beispielsweise durch eine Filterung über Korallenbruch, Marmorgrus oder pulverförmiges Kalziumkarbonat. Um die Karbonate in Lösung zu bekommen und zu halten, ist die Zufuhr von CO_2 erforderlich.
Ist das Wasser zu hart, sollte die Karbonathärte gesenkt werden. Das erreicht man durch Teil- oder Vollentsalzung des Wassers. Dabei wird das Wasser durch einen sogenannten Ionenaustauscher geleitet, wobei die Kalziumionen gegen andere Ionen ausgetauscht werden. Die Karbonathärte nimmt ab oder geht bei der Vollentsalzung sogar gegen null. Mit Härtebildnern aus dem Handel kann man in diesem Fall die gewünschte Härte einstellen.
Eine weitere Möglichkeit ist die Verwendung von Umkehrosmoseanlagen. Dabei wird ein Teil des Wassers vom größten Teil der gelösten Verbindungen über eine Membran befreit. Der andere Teil fließt bei der Aufbereitung in den Ausguss. Beide Verfahren, Ionenaustauscher und Umkehr-

Wie sauer darf's denn sein? Der pH-Wert

Wissenschaftlich ausgedrückt ist der pH-Wert „der negative Logarithmus der Wasserstoffionenkonzentration". Keine Bange, man kann es auch einfacher ausdrücken: Der pH-Wert gibt an, wie sauer oder wie basisch eine Flüssigkeit ist. Die Skala reicht von 0 bis 14. Der pH-Wert 0 wäre beispielsweise eine sehr starke Säure. Der pH-Wert 14 entspricht einer sehr starken Lauge. Beide Extreme sind für Organismen nicht nur schädlich, sondern tödlich. Der neutra-

↑ *Neonsalmler mögen kein alkalisches Wasser.*

Die pH-Werte

0–4,5	extrem sauer	für Fische tödlich
4,5–5,5	sehr sauer	für die meisten Aquarienfische nicht geeignet
5,5–6,5	sauer	für Fische aus tropischem Schwarzwasser geeignet
6,5–7,5	schwach sauer bis schwach alkalisch	für die meisten Zierfische gut geeignet
7,5–8,5	alkalisch	für lebendgebärende Zahnkarpfen und Fische aus den ostafrikanischen Grabenseen geeignet

le pH-Wert – also weder sauer noch basisch – liegt bei 7.
Die meisten Aquarienfische leben bei einem Wert zwischen 5,5 und 7,5. Allerdings gibt es auch Spezialisten, die in stark sauren Gewässern mit einem Wert von 4,5 oder in stark alkalischen Gewässern mit einem Wert von 9 vorkommen und gut gedeihen. Bei der Zucht bestimmter Fische sollte ein möglichst naturnaher pH-Bereich eingestellt sein.
Der pH-Wert ist sehr sensibel. Aufgrund der wissenschaftlichen Formel bedeutet eine Veränderung um nur eine Skaleneinheit, zum Beispiel von pH 7 auf pH 6, dass sich der Säuregrad des Wassers um das Zehnfache (!) erhöht hat. Ein stabiler pH-Wert ist deshalb für unsere Pfleglinge sehr wichtig.
Der pH-Wert ist zum größten Teil vom vorhandenen CO_2 und der Karbonathärte abhängig, die im Gleichgewicht stehen. Für die Stabilität des pH-Wertes im Aquarienwasser bedeutet dies, dass genügend CO_2 im Wasser vorhanden sein muss, um auch das Kalziumkarbonat in Lösung zu halten. Sonst besteht die Gefahr, dass der pH-Wert stark ansteigt. Umgekehrt kann es zu einem Abfallen kommen, wenn das Wasser zu weich ist und CO_2, und damit die entstehende Kohlensäure, nicht durch Härtebildner im Wasser abgepuffert werden.

Den pH-Wert verändern

Möchte man den pH-Wert senken, ist die erhöhte Zufuhr von CO_2 der richtige Weg. Bei einer sehr hohen Karbonathärte des Wassers ist allerdings zunächst eine Reduzierung der Härtebildner (s. o.) angezeigt, da ansonsten zu viel CO_2 nötig wäre, um den pH-Wert zu senken.

Schwertträger mögen kein saures Wasser.

Zur Erhöhung des pH-Wertes reicht die Zugabe von Härtebildnern über eine entsprechende Filterung (S. 56) oder über im Handel erhältliche Zusätze.
Zum Messen des pH-Wertes gibt es verschiedene Möglichkeiten: Geräte zur direkten Messung (teuer), pH-Messstäbchen oder Messreagenzien aus dem Fachhandel.

Sauerstoff: Auch Fische und Pflanzen atmen

Was für Landorganismen zutrifft, gilt auch im Wasser: Ohne Sauerstoff gibt es kein Leben. Ob Fische, Pflanzen oder wichtige Bakterien – alle brauchen Sauerstoff zur Atmung. Ein gut eingerichtetes, pflanzenreiches Aquarium erhält genügend Sauerstoff auf biologischem Weg: durch die Fotosynthese der Pflanzen, die am Tag stattfindet. In der Regel reicht die Menge an produziertem Sauerstoff aus, um alle Organismen zu versorgen. Allerdings: je wärmer das Wasser, desto weniger Sauerstoff ist gelöst. Außerdem gibt es akute Situationen, in denen eine Menge an zusätzlichem Sauerstoff gebraucht wird, z. B. wenn überfüttert wurde oder wenn ein Fisch unbemerkt verendet ist. Denn auch die Abbau- und Verwesungsprozesse entnehmen dem Wasser eine Menge Sauerstoff. Möchte man das Risiko einer Unterversorgung umgehen, bietet es sich an, das Aquarium während der Nacht zu belüften. Aber Vorsicht: Eine zu starke Belüftung durch einen Ausströmer treibt das wertvolle CO_2 aus dem Wasser.
Zur Messung des Sauerstoffgehalts bietet der Handel Messreagenzien an. Diese Tests sind allerdings vergleichsweise kompliziert und erfordern ein sehr sorgfältiges Vorgehen. Es gibt aber auch Geräte, mit denen man die Werte bequem und direkt ablesbar messen kann, diese sind allerdings um einiges teurer.

TIPP

Sauerstoffmessungen

Da der Sauerstoffgehalt im Tagesverlauf stark schwanken kann (schließlich wird nur am Tag Sauerstoff von den Pflanzen produziert), sollte man ihn nicht nur einmal am Tag messen. Am besten misst man den Sauerstoff am Abend und am Morgen kurz vor dem Anschalten der Beleuchtung. Bei einer Temperatur von ungefähr 25 °C sollte das Wasser am Abend ca. 8 mg/l Sauerstoff enthalten. Am Morgen sollten noch mindestens 4 mg/l zu messen sein.

Vorsicht: Stickstoffverbindungen

Wie alle Lebewesen scheiden auch Fische Stoffe aus, die sie nicht für ihren Stoffwechsel benötigen. Diese Stoffwechselprodukte

Ein Schlangenkopffisch atmet Luftsauerstoff.

Auch Labyrinthfische wie der Kampffisch können atmosphärischen Sauerstoff atmen.

werden von Mikroorganismen weiterverarbeitet und für Pflanzen zu Nährstoffen aufbereitet. Im begrenzten Raum eines Aquariums besteht leider das Problem, dass zu viel dieser Stoffe über die Ausscheidung der Fische und durch den Abbau von Futterresten anfallen. Die Pflanzen können nicht alles verarbeiten, was abgegeben wird. Die Stoffe häufen sich an und stellen für die Fische eine Gefahr dar. Von besonderer Bedeutung sind dabei die Stickstoffverbindungen (Ammonium, Nitrit, Nitrat), die beim Abbau von Proteinen entstehen.

Ammonium

Die Organismen im Aquarium scheiden Ammonium (NH_4) als Stickstoffverbindung ins Wasser aus. Dort wird es zu einem Teil von den Pflanzen als Nährstoff aufgenommen. Der Rest an Ammonium wird von Mikroorganismen zu Nitrit und anschließend zu Nitrat umgewandelt. Jedoch besteht bei einem zu hohen pH-Wert die Gefahr, dass sich das ungiftige Ammonium zum giftigen Ammoniak (NH_3) umwandelt. Für Fische ist dies ab bestimmten Konzentrationen lebensbedrohlich.

Nitrit und Nitrat

Nitrit (NO_2) entsteht durch den bakteriellen Umbau (Nitrifikation) von Ammonium mithilfe von Sauerstoff. Nitrit ist schon ab einer Konzentration von 0,5 mg/l gefährlich und sollte im Aquarim nicht nachweisbar sein. Zum Glück gibt es in einem gut eingefahrenen Becken weitere Bakterien, die das Nitrit schnell in Nitrat (NO_3) umbauen. Nitrat ist erst ab einer Konzentration von mehreren 100 mg/l für die Fische bedenklich.

Klares Wasser: für Fische und Betrachter wichtig

Allerdings kann sich Nitrat unter Umständen, vor allem wenn zu wenig Sauerstoff im Wasser gelöst ist, wieder in das gefährliche Nitrit umwandeln. Außerdem gedeihen bei hohen Nitratwerten die ungeliebten Algen prächtig. Der Wert im Aquarium sollte immer unter 40 mg/l liegen.

Wichtiger Wasserwechsel

Die Konzentration der Stickstoffverbindungen lässt sich durch regelmäßigen Teilwasserwechsel niedrig halten. Aber Vorsicht: Es gibt in manchen Gegenden Leitungswasser, das stark nitrathaltig ist. Zur Messung der Stickstoffverbindungen gibt es in allen Fachgeschäften verschiedene Messreagenzien, mit denen man die Gehalte leicht überprüfen kann. In einem gut gepflegten Aquarium sollten Ammonium und Nitrit mit den handelsüblichen Tests eigentlich nicht nachweisbar sein.

TIPP

Wassertests

Alle Wassertests sind genau nach der Gebrauchsanweisung durchzuführen. Dabei ist exaktes und sauberes Arbeiten unerlässlich. Achten Sie darauf, dass die Testflüssigkeiten nicht mit Haut oder Augen in Kontakt kommen! Nach der Messung werden die Wasserproben am besten über die Toilette entsorgt.

Phosphat

Wie die Stickstoffverbindungen werden auch Phosphatverbindungen von den Fischen aufgrund von Verdauungsvorgängen in das Wasser abgegeben. Auch über die Futterreste gelangen diese Verbindungen ins Wasser. Phosphat dient den Pflanzen wie der Stickstoff als Nährstoff. Pflanzen benötigen aber bei Weitem nicht so viel Phosphat, wie in den Aquarien üblicherweise vorhanden ist. Die Folge ist wiederum ein üppiges Algenwachstum. Nur ein regelmäßiger Wasserwechsel kann hier helfen.

Gelöste organische Verbindungen

Diese Stoffe sind in jedem natürlichen Gewässer zur Genüge vorhanden. Sie stammen aus tierischen und pflanzlichen Abfall- und Abbauprodukten. Trinkwasser darf aus hygienischen Gründen keine organischen Verbindungen enthalten. Da diese in der Natur wichtige Funktionen erfüllen – beispielsweise schützen sie die Schleimhäute der Fische oder ermöglichen es den Pflanzen, Nährstoffe besser aufzunehmen –, sollte man sie dem Wasser zuführen. Dazu gibt es im Handel geeignete Wasseraufbereitungsmittel, die zum einen das aggressive Trinkwasser neutralisieren und zum anderen schleimhautschützend sind.

Eimer und Schlauch im Einsatz beim Wasserwechsel

Regelmäßig Wasser wechseln

Wir Menschen brauchen immer wieder frische Luft, um richtig durchatmen zu können. Abgestandene, verbrauchte Luft macht auf die Dauer krank. So ähnlich ist es auch bei Fischen und Pflanzen. Auch sie benötigen immer wieder frisches Wasser, damit sie gesund bleiben und richtig gedeihen. Daher sollte der Aquarianer alle zwei Wochen einen Teil ($^1/_4$ bis $^1/_3$) des Aquarienwassers durch frisches, aufbereitetes Wasser (Wasseraufbereitungsmittel!) ersetzen. Wird das Wasser zu selten gewechselt, besteht die Gefahr, dass sich Stoffe, die von Pflanzen und Bakterien nicht weiterverwertet oder abgebaut werden können, anreichern. Diese Stoffe, zum Beispiel Nitrat, können ab einer bestimmten Konzentration für die Pfleglinge schädlich werden. Es ist auch zu bedenken, dass Wasser, wenn auch in kleineren Mengen, ständig verdunstet. Dieser Prozess allein führt schon dazu, dass sich die Konzentration aller im Wasser vorhandenen Substanzen erhöht. Deshalb reicht es nicht, nur das verdunstete Wasser wieder aufzufüllen. Es muss ein Wasserwechsel durchgeführt werden.

Beim Wasserwechsel: Scheibenreinigen nicht vergessen

So wird's gemacht

Vor dem Wasserwechsel werden stets Filter und Heizung ausgeschaltet, damit man möglichst sicher im Wasser hantieren kann. Beim Wasserwechsel sollte man die Gelegenheit nutzen, die Innenscheiben mit einem Magnetkratzer oder mit einer Klinge von Algen zu befreien. Auch die Pflanzen können nun ausgelichtet werden,

Algen und Mulm beeinträchtigen das Bild eines Aquariums negativ.

wenn es nötig erscheint. Für den Wasserwechsel nimmt man am besten einen Schlauch mit einer Mulmglocke. Dann kann man gleichzeitig mit der Wasserentnahme auch den Bodenmulm absaugen. Ist das Wasser in einen Eimer abgesaugt, kann die entnommene Menge wieder mit Frischwasser aufgefüllt werden. Allerdings muss darauf geachtet werden, dass das Frischwasser der Wassertemperatur im Aquarium entspricht. Außerdem muss das Frischwasser entsprechend mit Wasseraufbereitungsmittel und – wenn nötig – mit den Düngemitteln für die Pflanzen versetzt werden. Beim Eingießen des Wassers sollte darauf geachtet werden, dass der Bodengrund nicht unnötig aufgewirbelt wird. Benutzen Sie z. B. eine Gießkanne.
Ist alles erledigt, können die elektrischen Geräte wieder eingesteckt werden.

TIPP

Nützliche Bakterien

Es ist übrigens nicht ratsam, mit dem Wasserwechsel gleichzeitig die Filtermasse zu reinigen, da sonst die Gefahr besteht, zu viele der nützlichen Bakterien auf einmal aus dem Aquarium zu entfernen.

Die Plagen der Fische – Fischkrankheiten

Die beste Vorsorge gegen Fischkrankheiten ist die artgerechte Haltung sowie die regelmäßige Kontrolle und Pflege des Wassers. Artgerechte Haltung meint auch die Vermeidung von Stresssituationen für die Fische, wie eine zu große Anzahl an Fischen, unverträgliche Fische oder ständige Störungen von außen. Wenn auf all diese Dinge geachtet wird, dürfte eigentlich nichts mehr passieren. Dennoch: Vor Krankheiten ist man leider nie ganz sicher. Man kann sich beispielsweise beim Kauf von Fischen unbemerkt einen Erreger ins heimische Aquarium holen, und schon steckt man mitten im Schlamassel. Eben gekaufte Fische sollten eigentlich für eine Woche in ein Quarantänebecken gesetzt und genau beobachtet werden. Erst dann kann man einigermaßen sicher sein, dass der Neuankömmling gesund ist. Ein Quarantänebecken ist auch dann sinnvoll, wenn einer oder einige der Fische im Aquarium offensichtlich krank sind. Im Quarantänebecken kann man sie dann separat behandeln.
Bei manchen Krankheiten ist ein Quarantänebecken allerdings zwecklos: Die Erreger sind oft über das ganze Aquarium verteilt und werden alle Fische früher oder später befallen, beispielsweise bei der sogenannten Pünktchenkrankheit.

Zuerst die Diagnose

Bevor man mit einer Behandlung beginnt, muss zuerst eine genaue Diagnose gestellt werden. Also behandeln Sie die Fische nicht sofort bei jedem geringsten Verdacht mit irgendwelchen Medikamenten! Denn diese können die Fische sehr schwächen, wenn sie grundlos zum Einsatz kommen. Und dann werden die Tiere erst recht anfällig für Krankheiten.

Die Krankenstube für Fische: ein Quarantänebecken

CHECK

Der gesunde Fisch …

- frisst mit Appetit,
- ist lebhaft,
- vollführt gleichmäßige Schwimmbewegungen,
- zeigt kräftige Farben,
- weist keine wunden Stellen auf,
- hat schöne, ganzrandige und spreizfähige Flossen,
- hat keine seltsamen weißen Pünktchen auf der Schuppenhaut oder auf den Flossen,
- hat keine wattebauschartigen Stellen auf seiner Haut oder an den Flossen,
- hat einen schön gerundeten Bauch und eine frei bewegliche Mundöffnung,
- scheuert sich nicht ständig an Gegenständen oder am Bodengrund,
- schnappt nicht ständig über der Wasseroberfläche nach Luft (Ausnahmen: Fischporträts),
- sondert sich nicht von seinen Artgenossen ab.

Die genaue, intensive Betrachtung und Beobachtung der Fische ist die beste Maßnahme, um Krankheiten frühzeitig zu erkennen und zu diagnostizieren. Meistens erkennt man sehr schnell, dass eine Krankheit vorliegt, beispielsweise durch häufiges Scheuern der Fische an Gegenständen. Das tun sie jedoch bei allen nur erdenklichen Hautkrankheiten und bei Parasitenbefall. Man weiß also noch nicht, um welche Krankheit es sich genau handelt.
Im Folgenden sind einige typische Fischkrankheiten aufgeführt, deren Behandlung einigermaßen leicht durchzuführen ist.

Wer Genaueres über Fischkrankheiten erfahren möchte, kommt nicht an einschlägiger Fachliteratur vorbei. Falls Unsicherheiten bezüglich der Diagnose einer Krankheit bestehen, sollte bei einem erfahrenen Aquarianer oder beim Zoofachhändler Rat eingeholt werden.

Vergiftungen

Oft sind hohe Nitrit- oder Ammoniumgehalte Ursachen für Vergiftungen. Auch zu hohe oder zu niedrige pH-Werte rufen Vergiftungen hervor (Säure- oder Laugenkrankheit). Vor allem wenn das Aquarium über eine Luftpumpe belüftet wird, können Gifte aus dem Wohnraum zu Vergiftungen der Fische führen. Starker Tabakqualm, Lösungsmitteldämpfe, Insektizide und Pflanzenschutzmittel gelangen über die Belüftung in das Aquarium.

Anzeichen: Ruckartiges Schwimmen, häufiges Luftschnappen, stark gerötete Kiemen, Verblassen der Farben.

Abhilfe: Sofort Wasserwechsel durchführen; Wasserwerte messen, um die Ursache zu ermitteln, mögliche Vergiftungsquellen lokalisieren; Ursachen sofort beheben.

Weißpünktchenkrankheit

Gesunde Fische besitzen eine kräftige Färbung.

Weißpünktchenkrankheit

Die Weißpünktchenkrankheit ist die häufigste Fischkrankheit. Sie wird durch den einzelligen Erreger Ichthyophthirius multifiliis ausgelöst. Daher wird die Krankheit unter Aquarianern auch als „Ichthyo" bezeichnet.

Anzeichen: Kleine weißliche Punkte auf den Flossen und Kiemen der Fische.

Abhilfe: Mit Medikamenten aus dem Zoofachhandel kann die Krankheit geheilt werden. Studieren Sie die Gebrauchsanweisung genau. Überprüfen Sie die Haltungsbedingungen und Wasserwerte.

Pilzbefall

Wie bei vielen Krankheiten, die durch bestimmte Erreger ausgelöst werden, deutet auch ein Pilzbefall auf bereits vorher geschwächte Tiere hin. Daher sollte auch hier eine gründliche Untersuchung der Haltebedingungen und der Wasserwerte durchgeführt werden.

Anzeichen: Wattebauschähnliche Stellen am Körper.

Abhilfe: Behandlung mit Medikamenten aus dem Fachhandel. Gebrauchsanweisung genau befolgen. Den Ursachen auf den Grund gehen.

Samtkrankheit

Samtkrankheit

Die Samtkrankheit wird durch sogenannte Oodinien ausgelöst. Dabei handelt es sich, wie bei der Weißpünktchenkrankheit, um einzellige Organismen, die die Haut befallen.

Anzeichen: Gelblich weiße Pünktchen auf der Haut, allerdings kleiner als bei Ichthyo. In der Gesamtheit erscheinen sie als samtartiger Belag.

Abhilfe: Medikamente aus dem Fachhandel. Gebrauchsanweisung genau befolgen.

Alternativ: Mehrtägige Abdunkelung des Aquariums; die Erreger sterben dann ab.

Hauttrüber

Sogenannte Hauttrüber sind ebenfalls einzellige Hautparasiten (Costia, Chilodonella, Trichodina).

Anzeichen: Milchig bis bläulich weiße Hautstellen.

Abhilfe: Medikamente aus dem Fachhandel. Gebrauchsanweisung genau befolgen.

Bauchwassersucht

Diese Krankheit ist leicht zu diagnostizieren. Grund für die dramatische Veränderung sind meist schlechte Wasserbedingungen.

Anzeichen: Übermäßiges Anschwellen des Körpers durch Flüssigkeitseinlagerung; abstehende Schuppen und hervorquellende Augen.

Abhilfe: Gegen die Bauchwassersucht gibt es im Handel Medikamente, die aber nicht immer helfen. Wasserqualität überprüfen und entsprechende Maßnahmen ergreifen.

Glotzaugen

Dafür können eine Reihe von Grunderkrankungen verantwortlich sein, deren Diagnose schwierig ist.

Anzeichen: Stark hervortretende Augen (manchmal auch nur eines) des erkrankten Fisches.

Abhilfe: Gegen Glotzaugen gibt es im Handel spezielle Medikamente. Allerdings sollte vor der Behandlung eine Bauchwassersucht ausgeschlossen werden.

Glotzaugen bei Bauchwassersucht

Bauchwassersucht

Flossenfäule in der Schwanzflosse

Flossenfäule

Flossenfäule wird durch Bakterien verursacht. Meistens bricht diese Krankheit aus, wenn die Abwehrkräfte der Fische durch schlechte Wasserbedingungen geschwächt sind.

Anzeichen: Ausfransen und teilweise Abfaulen der Flossen. Erfolgt keine Behandlung der Flossenfäule, kann die Krankheit auf den ganzen Körper übergreifen.

Abhilfe: Behandlung mit Medikamenten aus dem Fachhandel. Gebrauchsanweisung genau befolgen.

Es gibt noch eine Vielzahl an weiteren Fischkrankheiten, die jedoch entweder gar nicht oder nur von einem Spezialisten diagnostiziert und geheilt werden können. Dazu zählen beispielsweise weitere parasitäre Erkrankungen wie der Befall mit Fischläusen, unterschiedliche Darmerkrankungen, Entzündungen innerer Organe wie der Schwimmblase oder Fischtuberkulose.

Zum Glück brechen diese Krankheiten nicht so häufig aus. Und, wie bereits gesagt: In einem gut gepflegten, artgerechten Aquarium dürfte es kaum Anlass zur Sorge geben.

CHECK

So beugen Sie Fischkrankheiten vor

- [ ] Das Becken gut bepflanzen und lange genug ohne Fischbesatz einfahren lassen.
- [ ] Mit nicht zu vielen Fischen besetzen.
- [ ] Regelmäßiger Wasserwechsel (etwa alle 2 bis 4 Wochen).
- [ ] Regelmäßiges Reinigen des Filters.
- [ ] Regelmäßige Kontrolle der Wasserwerte.
- [ ] Ausgewogene Fütterung mit Vitaminen.
- [ ] Neue Fische zuerst eine Woche ins Quarantänebecken setzen.
- [ ] Vergiftungsquellen auch außerhalb des Aquariums ausschließen: starker Tabakqualm, Lösungsmitteldämpfe, Insektizide usw.
- [ ] Immer ein Mittel gegen die Weißpünktchenkrankheit und Pilzbefall bereithalten.

Blaualgen deuten auf eine schlechte Wasserqualität hin.

Algen im Aquarium

Im Leben eines jeden Aquarianers spielen sie eine wenig erfreuliche, ja lästige Rolle: Algen. Diese primitiven Pflanzen treten in jedem Aquarium mal mehr, mal weniger gehäuft in Erscheinung. Oft sind es ungebetene Gäste, die das schöne und harmonische Erscheinungsbild eines Aquariums binnen weniger Tage zunichte machen können. Sie überziehen die Innenscheiben, bilden hässliche Beläge auf Wurzeln und Steinen und rauben den Pflanzen lebensnotwendiges Licht sowie Nährstoffe. Sie stören bei massivem Auftreten das Gleichgewicht im Aquarium.
Oft sind es die Algen, die einen Aquaristikanfänger verzweifeln lassen. Der Frust sitzt dann häufig so tief, dass das Aquarium ausgeräumt und in den Keller gestellt wird. Halt! Nicht verzweifeln und ja nicht unterkriegen lassen! Auch gegen Algen kann man etwas tun, wenn man konsequent ist.

Höhere Pflanzen und Algen konkurrieren miteinander um die Nährstoffe im Wasser. Also: Eine großzügige Bepflanzung mit schnell wachsenden Pflanzen von Anfang an schließt hohes Algenaufkommen praktisch aus. Dabei müssen allerdings die Pflegemaßnahmen für die Pflanzen strikt eingehalten werden. Dazu gehört auch, dass die Bedingungen im Aquarium wie Licht, Nährstoffangebot und Düngungsmaßnahmen kontinuierlich beibehalten werden.

Biologische Algenbekämpfung

Eine gute Maßnahme zur Beseitigung von Algen ist das Einsetzen von algenfressenden Fischen. Bewährt haben sich dabei beispielswese der Kleine Saugwels *(Otocinclus affinis)* oder der Blaue Antennenwels *(Anci-*

Schnecken raspeln Algenbeläge ab.

Grünalgen deuten auf zu viele Nährstoffe hin.

Pinselalgen lassen sich schwer vom Substrat lösen.

strus dolichopterus). Auch die Siamesische Rüsselbarbe *(Crossocheilus siamensis)* zählt – zumindest als Jungfisch – zu den besten Algenvertilgern.

Auch Lebendgebärende Zahnkarpfen bedienen sich des Öfteren von den ungebetenen Gästen.

Im Handel wird häufig der Einsatz von Apfelschnecken gegen Algen angepriesen. Allerdings fressen diese auch höhere Pflanzen, wenn Algen oder Futterreste vertilgt sind. Einen immer besseren Ruf als Algen- und Restevertilger bekommen Süßwassergarnelen. Allerdings sind nur solche Arten zu empfehlen, die sehr robust und leicht zu halten sind. Vor deren Anschaffung sollte man sich also genauestens informieren. Viele Einsteiger greifen in ihrer Verzweiflung zur chemischen Keule, um dem Algenproblem Herr zu werden. Davon sollte man jedoch Abstand nehmen. Es besteht die Gefahr, auch die höheren Pflanzen durch die Chemikalien in Mitleidenschaft zu ziehen.

Blaualgen sind in der Natur typische Anzeiger für stark belastete Gewässer. Im Aquarium vermehren sie sich bei Überfütterung, bei verschlammten Filtern oder bei einem schlecht durchlüfteten Bodengrund. Auch wenn sich abgestorbene Pflanzenteile oder tote Fische im Becken befinden, können sie sich stark vermehren. Dann bilden Blaualgen einen blaugrünen Überzug auf Steinen, Pflanzen, Dekomaterialien und dem Bodengrund. Durch

Manche Welse sind sprichwörtliche Algenvertilger.

Immer beliebter als Algenvertilger: Süßwassergarnelen

Absaugen lässt sich der Überzug leicht entfernen. Zur Vorbeugung empfiehlt sich häufiger Wasserwechsel und regelmäßiges Reinigen des Bodengrundes. Auch das Filtermaterial sollte öfter einmal gereinigt werden.

Grünalgen kommen in jedem Gewässer mal mehr, mal weniger vor. Im Aquarium bilden sie häufig grüne, pelzartige Beläge auf Scheiben und Unterlagen aus oder sind als grüne, langfädige Gebilde an Pflanzen oder Dekomaterialien zu erkennen. Eine starke Vermehrung der Grünalgen deutet auf einen zu hohen Nährstoffgehalt im Wasser hin. Die Beläge lassen sich mit dem Magnetkratzer oder mit Klingen leicht beseitigen. Die Algenfäden lassen sich von Hand entfernen oder mit einem rauen Holzstäbchen aufwickeln. Zur Vorbeugung muss – wie bei den Blaualgen – häufiger ein Wasserwechsel und öfter Filter- und Bodengrundreinigung erfolgen.

Braun- oder Kieselalgen sind als brauner Belag auf Steinen oder Pflanzen zu finden. Sie deuten auf Lichtmangel hin. Meist reicht es dann, die Lichtintensität zu erhöhen, um diese Algen loszuwerden.

Bart- und Pinselalgen siedeln häufig auf Pflanzenblättern. Bartalgen bilden lange, schwärzlich grüne Fäden, während Pinselalgen als schwarze, etwa 10 mm lange Büschel zu erkennen sind. Es sind sehr hartnäckige Algen, die sich nicht leicht entfernen lassen. Am besten trennt man die befallenen Blätter von der Pflanze und

entfernt sie. Um Bart- und Pinselalgen auf längere Sicht loszuwerden, empfiehlt es sich, die CO_2-Zufuhr zu erhöhen und das Wasser auf einen schwach sauren Bereich einzustellen.

Apfelschnecken tun sich auch an Pflanzen gütlich!

Schneckenplage

Mit dem Kauf von neuen Pflanzen holt man sich häufig noch weitere Lebewesen in das Aquarium: Schnecken. Deren Laich oder Jungtiere erkennt man nicht immer sofort.

Eigentlich sind ein paar Schnecken im Aquarium nichts Schlechtes. Sie vertilgen Futterreste, tun sich an Algen gütlich, und manche leisten auch noch gärtnerisch wertvolle Arbeit, indem sie den Boden auflockern.

Einen Nachteil haben die Schnecken jedoch: Bei entsprechend günstigen Bedingungen vermehren sie sich explosionsartig und werden so zur Plage. Dann sind nicht nur die Pflanzen in Gefahr, sondern das biologische Gleichgewicht im Becken kann empfindlich gestört werden.

Zur Bekämpfung der Schnecken gibt es im Fachhandel chemische Mittel, auf die möglichst verzichtet werden sollte. Besser ist es, die Fische dosierter zu füttern, sodass weniger für die Schnecken übrig bleibt. Oft werden Süßwasserkugelfische zur Beseitigung der ungebetenen Gäste empfohlen. Doch sind diese aggressiv und kaum in einem Gesellschaftsbecken zu halten. Manche Schmerlen sind hierfür besser geeignet. In vielen Fällen wird man jedoch nicht darum herumkommen, die Schnecken einzeln aus dem Aquarium zu sammeln. Und das ist – zugegeben – eine weniger erfreuliche Arbeit.

Schnecken können sich im Aquarium explosionsartig vermehren.

Im Porträt
Fische & Pflanzen

Leben im Aquarium: die Fische

Alle Fische und Pflanzen haben ihren speziellen Reiz, aber auch ihre individuellen Ansprüche. Die folgende Auswahl an Fischen und Pflanzen kann nur einen kleinen Überblick über die Fülle der beliebten Arten geben, die in Aquarien gehalten werden können. Viel Spaß bei der Auswahl!

Haben Sie inzwischen eine ungefähre Vorstellung davon, welche Art von Aquarium Sie gerne pflegen und beobachten wollen? Wie groß es sein soll, wie grün es sein soll, wie viele Fische Sie darin halten wollen und welche dafür in Frage kommen? Nein? Dann blättern Sie doch einmal die folgenden Seiten ganz unvoreingenommen durch. Verweilen Sie bei den Porträt-Bildern, die Sie spontan ansprechen: weil es ein schön gefärbter Fisch ist, weil er einen interessanten Körperbau hat oder weil er einfach nur sympathisch aussieht. Lesen Sie dann jeweils die Beschreibungen genau durch und Sie werden feststellen: da hat jeder Fisch und auch jede Pflanze spezielle Wünsche und Eigenheiten! Also: sich besser nicht von allzu viel Äußerlichkeit leiten lassen. Denn alle Pfleglinge in Ihrem Aquarium müssen die gleichen Ansprüche an die Wasserwerte haben.

Fische für Einsteiger

Die Fischporträts zeigen fast ausschließlich Arten, die auch für Einsteiger geeignet sind. Das heißt Fischarten, die hinsichtlich ihrer Pflege nicht allzu viel Aufwand und Fachwissen erfordern. Anders sieht es aus, wenn Sie unbedingt gleich loszüchten wollen. Da wird es beim einen oder anderen Exemplar schon ziemlich knifflig werden. Sammeln Sie erstmal Eindrücke, Erfahrungen. Sie werden staunen, was sich unter Wasser tut, ohne dass Sie groß einwirken müssen. Denn plötzlich entdecken Sie Fischlarven oder Jungfische im Becken und können es gar nicht glauben! Das macht die Aquaristik erst so richtig schön und spannend!

Weitere Unterstützung bei der Planung Ihres Aquariums finden Sie ab Seite 113. Hier werden die gängigsten Aquarientypen vorgestellt.

Salmler

Salmer

- In der Natur leben Salmer häufig in riesigen Schwärmen zusammen und bewohnen sowohl fließende als auch stehende Gewässer. Die meisten der in Aquarien gehaltenen Salmler kommen aus klaren Bächen und ruhigen Flussabschnitten des tropischen Südamerika. Sie halten sich zumeist in der Nähe von Pflanzen auf. Ein wichtiges Erkennungsmerkmal vieler Salmler ist eine Fettflosse zwischen der Rücken- und Schwanzflosse.

- Salmler sind lebhafte, schnell schwimmende Fische, die ihr Futter meistens im freien Wasser suchen, aber auch am Bodengrund oder auf Pflanzen fündig werden.

- Zur Haltung empfiehlt sich meist weiches und sauerstoffreiches Wasser. Um ihrer Natur gerecht zu werden, sollten mindestens sechs Artgenossen zusammen gehalten werden. Erst dann fühlen sie sich wohl.

- Vergesellschaften lassen sie sich gut mit Welsen oder anderen bodenbewohnenden Fischen.

Blauer Perusalmler

Boehlkea fredcochui

Herkunft Südamerika: Peru, Kolumbien
Lebensraum Fließgewässer
Temperatur 22 – 26 °C
pH-Wert 6 – 7,5
Härte weich bis hart
Ernährung Lebendfutter, Trockenfutter, Gefrierfutter
Größe bis 5 cm
Becken 80 cm

Auf kräftige Strömung achten; genügend Schwimmraum lassen; für Gesellschaftsbecken geeignet.

Spritzsalmler

Copella arnoldi

Herkunft Südamerika: Guayana, Amazonasmündung
Lebensraum Fließgewässer
Temperatur 23 – 26 °C
pH-Wert 6,5 – 7,5
Härte weich bis hart
Ernährung Lebendfutter, Trockenfutter
Größe bis 8 cm
Becken 80 cm

Teilweise dicht bepflanzen, trotzdem genügend Schwimmraum lassen; die Tiere legen Eier auf Unterseite von über dem Wasser schwebenden Blättern ab oder unter Deckscheibe; Vaterfamilie: Männchen bespritzt Eier immer wieder mit Schwanzflosse, um diese feucht zu halten (Name!); sehr springfreudig: daher auf gute Abdeckung achten; für Gesellschaftsbecken geeignet.

Silberbeilbauchfisch

Gasteropelecus sternicla

Herkunft Südamerika
Lebensraum kleinere Bäche in der Nähe von Pflanzen
Temperatur 23 – 27 °C
pH-Wert ca. 6
Härte bis 10 °dGH
Ernährung Trockenfutter, Lebendfutter
Größe 6 – 7 cm
Becken 80 cm

Ziemlich scheu; benötigen viel Schwimmraum; Schwarmfische; Fische springen; benötigen viel Sauerstoff; Männchen in Aufsicht schlanker; Zucht bisher selten gelungen.

Trauermantelsalmler

Gymnocorymbus ternetzi

Herkunft Südamerika
Lebensraum pflanzenreiche Fließgewässer
Temperatur 20 – 26 °C
pH-Wert 6,0 – 7,5
Härte weich bis hart
Ernährung Lebendfutter, Trockenfutter
Größe bis 6 cm
Becken 80 cm

Einfache Haltung; im Schwarm halten; auf genügend Bepflanzung achten; Männchen mit deutlich breiterer Afterflosse; für Gesellschaftsbecken geeignet.

Rotkopfsalmler

Hemigrammus bleheri

Herkunft Südamerika: Brasilien, Kolumbien
Lebensraum kleine, flache Fließgewässer
Temperatur 23 – 28 °C
pH-Wert 6,0 – 7,0
Härte weich bis mittelhart
Ernährung Lebendfutter, Trockenfutter
Größe bis 5 cm
Becken 80 cm

Im Schwarm halten; auf genügend Bepflanzung achten; nur leichte Strömung; regelmäßiger Teilwasserwechsel wichtig, da die Art empfindlich auf erhöhte Nitratwerte reagiert; für Gesellschaftsbecken geeignet.

Salmler

Sichelsalmler

Hyphessobrycon bentosi

Herkunft Südamerika: Amazonasgebiet
Lebensraum im Uferbereich unterschiedlicher Gewässer zu finden
Temperatur 24 – 28 °C
pH-Wert 6,0 – 7,5
Härte weich bis hart
Ernährung Lebendfutter, Trockenfutter
Größe bis 4,5 cm
Becken 60 cm

Im Schwarm halten; auf genügend freien Schwimmraum achten; leichte Strömung; Männchen mit größerer Rücken- und Afterflosse; für Gesellschaftsbecken geeignet.

Fahnen-Kirschflecksalmler, Perezsalmler

Hyphessobrycon erythrostigma

Herkunft Südamerika: Amazonasgebiet
Lebensraum kleinere Fließgewässer
Temperatur 23 – 28 °C
pH-Wert 6,0 – 7,5
Härte weich bis hart
Ernährung Lebendfutter, Trockenfutter
Größe bis 8 cm
Becken 100 cm

Im Schwarm halten; auf genügend freien Schwimmraum achten; Männchen mit länger ausgezogenen Flossen; mit friedlichen Arten vergesellschaften, z. B. mit Skalaren.

Roter von Rio

Hyphessobrycon flammeus

Herkunft Südamerika: Ostbrasilien
Lebensraum flache Gewässer
Temperatur 22 – 27 °C
pH-Wert 6 – 7,5
Härte weich bis hart
Ernährung Trockenfutter, Lebendfutter, auch pflanzliche Kost
Größe 4 cm
Becken ab 60 cm

Bewohnt mittlere bis untere Wasserbereiche; anspruchsloser Schwarmfisch; dichte Bepflanzung mit genügend freiem Schwimmraum; Männchen farbintensiver; Zucht im Artenbecken; mit kleinen Arten zu vergesellschaften.

Zitronensalmler

Hyphessobrycon pulchripinnis

Herkunft Südamerika: Mittelbrasilien, Amazonas
Lebensraum kleine, verkrautete Fließgewässer
Temperatur 23 – 25 °C
pH-Wert 5,5 – 8
Härte weich bis mittelhart
Ernährung Trockenfutter, Lebendfutter, auch pflanzliche Kost
Größe 5 cm
Becken ab 60 cm

Schwarmfisch; im dichten Pflanzenbewuchs; freier Schwimmraum sollte vorhanden sein; schwarzer Saum der Afterflosse beim Männchen kräftiger; geeignet für das Gesellschaftsbecken.

Brillantsalmler

Moenkhausia pittieri

Herkunft Südamerika: Venezuela
Lebensraum kleinere Fließgewässer
Temperatur 24 – 28 °C
pH-Wert 6,5 – 7,0
Härte weich bis mittelhart
Ernährung Lebendfutter, Trockenfutter
Größe bis 6 cm
Becken 100 cm

Im Schwarm halten; auf genügend freien Schwimmraum achten; Schwimmpflanzen; Männchen mit länger ausgezogener Rückenflosse und größerer Bauch-, After- und Schwanzflosse; für herkömmliche Gesellschaftsbecken geeignet.

Kaisersalmler

Nematobrycon palmeri

Herkunft Südamerika: Westkolumbien
Lebensraum Mündungsbereiche der Flusssysteme
Temperatur 23 – 26 °C
pH-Wert 5 – 7,5
Härte bis 10 °dGH
Ernährung Trockenfutter, Lebendfutter
Größe 6 cm
Becken ab 60 cm

Schwarmfische; sehr lebhaft; untere bis mittlere Wasserbereiche; dichte Bepflanzung; genügend Schwimmraum; leicht zu züchten; gut zu vergesellschaften.

Salmler

Roter Neon
Paracheirodon axelrodi

Herkunft Südamerika
Lebensraum klare Bäche
Temperatur 23 – 25 °C
pH-Wert 5 – 7
Härte bis 10 °dGH
Ernährung Trockenfutter, Lebendfutter
Größe 5 cm
Becken 60 cm

Mittlere und untere Beckenbereiche; dichte Bepflanzung; genügend Schwimmraum; kräftiges, großflächiges Rot am Rumpf charakteristisch; Männchen schlanker; Vergesellschaftung mit kleinen und mittelgroßen Fischen.

Neonsalmler
Paracheirodon innesi

Herkunft Südamerika: oberer Amazonas, Ostperu
Lebensraum verschiedene Flüsse
Temperatur 20 – 24 °C
pH-Wert 5 – 7
Härte weich bis hart
Ernährung Trockenfutter (auch Tabletten), Lebendfutter, auch pflanzliche Kost
Größe 4 cm
Becken 60 cm

Einer der beliebtesten Aquarienfische; mittlerer Beckenbereich; dichte Bepflanzung, genügend Schwimmraum; im Schwarm ab 10 Tiere; dunkler Bodengrund; Weibchen mit blasserem Leuchtstrich, der leicht abknickt; nur mit kleinen Fischen vergesellschaften.

Blauer Kongosalmler
Phenacogrammus interruptus

Herkunft Afrika
Lebensraum Flusssysteme des Zaire
Temperatur 23 – 28 °C
pH-Wert 6 – 7
Härte bis 10 °dGH
Ernährung Trockenfutter, Lebendfutter (Fliegen), pflanzliche Kost (Kopfsalat)
Größe 8 – 12 cm
Becken 100 cm

In großen Becken halten; für Strömung sorgen; lockere Bepflanzung; empfindliche Flossen: für sehr gute Wasserqualität sorgen; unpaare Flossen beim Männchen ausgezogen; mit ruhigen Fischen vergesellschaften.

Barben und Bärblinge

Barben und Bärblinge

➜ Diese Fische gehören zur großen Familie der Karpfenfische (Cyprinidae) mit über 1.400 Arten. Die meisten der in Aquarien gehaltenen Karpfenfische und Karpfenähnlichen stammen aus Afrika und Asien. Diese Arten bevorzugen sehr unterschiedliche Lebensräume und unterscheiden sich auch in der Lebensweise beträchtlich.

➜ Erkennbar sind die meisten Barben und Bärblinge an kleinen bis sehr kleinen Barteln an den Mundwinkeln. Allerdings gibt es auch Arten, die keine Barteln aufweisen. Diese Karpfenfische können leicht mit Salmlern verwechselt werden. Allerdings besitzen sie nie die für den Großteil der Salmler charakteristische Fettflosse zwischen der Rücken- und Schwanzflosse. Meist tragen die hier behandelten Arten Rundschuppen am Körper. Der Kopf ist in der Regel schuppenfrei.

➜ Wie Salmler sollten Barben und Bärblinge in Schwärmen gehalten werden. Auf genügend Bepflanzung sollte genauso geachtet werden wie auf ausreichend großen Schwimmraum.

Tigerbarbe

Barbus fasciolatus

Herkunft Afrika: Angola, Sambia
Lebensraum kleinere Gewässer
Temperatur 22 – 26 °C
pH-Wert 6,0 – 7,0
Härte weich bis mittelhart
Ernährung Lebendfutter, Trockenfutter, pflanzl. Nahrung
Größe bis 6 cm
Becken 80 cm

Im Schwarm halten; Becken gut bepflanzen für Versteckmöglichkeiten; Weibchen während der Laichzeit etwas rundlicher; für herkömmliche Gesellschaftsbecken geeignet.

Zwergbärbling

Boraras maculatus

Herkunft Asien: Malaysia, Sumatra
Lebensraum langsam fließende oder stehende Gewässer
Temperatur 22 – 26 °C
pH-Wert 6,0 – 6,5
Härte weich bis mittelhart
Ernährung Lebendfutter, Trockenfutter
Größe bis 2,5 cm
Becken 60 cm

Im Schwarm halten; Becken mit feinblättrigen Pflanzen; Weibchen mit stärker ausgebogenem Bauch und oft gelblicher; für herkömmliche Gesellschaftsbecken mit kleinen und/oder friedlichen Fischen geeignet (z.B. kleine Bärblinge und sehr kleine Salmler).

Barben und Bärblinge

Zebrabärbling

Brachydanio rerio

Herkunft Asien: Vorderindien, Pakistan
Lebensraum schnell fließende, saubere Fließgewässer
Temperatur 18 – 24 °C
pH-Wert 6 – 8
Härte weich bis hart
Ernährung: Trockenfutter, Lebendfutter, auch pflanzliche Kost
Größe bis 6 cm
Becken 60 cm

In den mittleren und oberen Beckenbereichen; helle, strömungsreiche Becken; viel freie Schwimmfläche; lange, flache Aquarien gut geeignet; Zucht gelingt leicht; Weibchen größer und dicker; mit lebhaften Fischen vergesellschaften.

Schillerbärbling

Danio albolineatus

Herkunft Asien: Sumatra, Birma, Malaysia, Thailand
Lebensraum kleinere fließende Gewässer
Temperatur 21 – 26 °C
pH-Wert 6,5 – 7,0
Härte weich bis mittelhart
Ernährung Lebendfutter, Trockenfutter
Größe bis 6 cm
Becken 80 cm

Im Schwarm halten; auf genügend Schwimmraum und leichte Strömung achten; Männchen kleiner und kräftiger gefärbt; für herkömmliche Gesellschaftsbecken geeignet.

Devario-Bärbling

Devario devario

Herkunft Asien: Indien, Pakistan, Nepal
Lebensraum kleinere fließende Gewässer, stehende Gewässer und geflutete Reisfelder
Temperatur 20 – 26 °C
pH-Wert 6,5 – 7,0
Härte weich bis mittelhart
Ernährung Lebendfutter, Trockenfutter, pflanzliche Nahrung
Größe bis 12 cm
Becken 120 cm

Im Schwarm halten; auf genügend Schwimmraum achten; Männchen kleiner und kräftiger gefärbt; für herkömmliche Gesellschaftsbecken geeignet.

Zweipunktbarbe, Zweifleckbarbe

Puntius aff. ticto

Herkunft Asien: Indien, Pakistan, Nepal, Birma, Thailand, Bangladesch
Lebensraum stehende oder ruhige Gewässerabschnitte
Temperatur 19 – 24 °C
pH-Wert 6,5 – 7,5
Härte weich bis mittelhart
Ernährung Lebendfutter, Trockenfutter, gelegentlich pflanzliche Nahrung
Größe bis 9 cm
Becken 80 cm

Laichräuber! Dicht bepflanzen und leichte Strömung; Männchen während der Laichzeit mit dunklerem roten Längsband und stärkerer Tüpfelung der Rückenflosse; auf die etwas kühlere Wassertemperatur achten! Daher nur begrenzt zu vergesellschaften.

Prachtbarbe

Puntius conchonius

Herkunft Asien: Vorderindien, Sri Lanka
Lebensraum Flüsse, kleinere stehende Gewässer
Temperatur 18 – 22 °C
pH-Wert 6 – 8
Härte weich bis hart
Ernährung Trockenfutter, Lebendfutter, pflanzliche Kost
Größe bis 15 cm
Becken 100 cm

Gründelt gern, daher häufig am Bodengrund; freie Schwimmflächen über weichem Boden; dichte Randbepflanzung; Zucht gelingt leicht; Männchen farbiger und Weibchen kräftiger; können gut mit Fischen der oberen Beckenregionen vergesellschaftet werden.

Purpurkopfbarbe

Puntius nigrofasciatus

Herkunft Asien: südliches Sri Lanka
Lebensraum langsam fließende Bäche mit üppigem Pflanzenwuchs
Temperatur 21 – 25 °C
pH-Wert 5,5 – 6,5
Härte weich bis mittelhart
Ernährung Trockenfutter, Lebendfutter, auch pflanzliche Kost
Größe bis 6,5 cm
Becken 80 cm

Tragen keine Barteln; suchen am Boden nach Futter; dunkler, weicher Bodengrund; Randbepflanzung; Schwimmpflanzen; viel freie Schwimmfläche; Männchen farbiger, mit schwarzer Rückenflosse; Zucht leicht möglich.

Barben und Bärblinge

Fünfgürtelbarbe

Puntius pentazona

Herkunft Asien: China
Lebensraum kleinere fließende Gewässer, geflutete Reisfelder
Temperatur 22 – 27 °C
pH-Wert 6,0 – 7,0
Härte weich bis mittelhart
Ernährung Lebendfutter, Trockenfutter
Größe bis 5 cm
Becken 60 cm

Im Schwarm halten; auf genügend Schwimmraum und leichte Strömung achten; Männchen kleiner und kräftiger gefärbt; für herkömmliche Gesellschaftsbecken geeignet.

Sumatrabarbe

Puntius tetrazona

Herkunft Asien: Sumatra, Borneo
Lebensraum stehende und langsam fließende Gewässer
Temperatur 20 – 25 °C
pH-Wert 6 – 7,5
Härte weich bis hart
Ernährung Trockenfutter, Lebendfutter, auch pflanzliche Kost
Größe bis 7 cm
Becken 80 cm

Sehr lebhaft; mittlerer Beckenbereich und am Boden wühlend; viel freier Schwimmraum; Vorsicht: großer Appetit; Weibchen kräftiger und blasser; nur mit schnell schwimmenden, wehrhaften Fischen vergesellschaften.

Bitterlingsbarbe

Puntius titteya

Herkunft Asien: Sri Lanka
Lebensraum Fließgewässer
Temperatur 22 – 27 °C
pH-Wert 6,0 – 7,0
Härte weich bis mittelhart
Ernährung Lebendfutter, Trockenfutter, gelegentlich pflanzliche Nahrung
Größe bis 5 cm
Becken 60 cm

Im Schwarm halten; teilweise dicht bepflanzen; weicher Bodengrund; Männchen untereinander etwas aggressiv: daher nur wenige Männchen mit mehreren Weibchen halten; Männchen während der Laichzeit leuchtend rot; mit gleich großen Fischen vergesellschaften.

Keilfleckbärbling

Rasbora heteromorpha

Herkunft Asien: Malaysia, Sumatra, Borneo, Thailand
Lebensraum pflanzenreicher Uferbereich stehender Gewässer
Temperatur 22 – 26 °C
pH-Wert 6 – 6,5
Härte bis 12 °dGH
Ernährung Trockenfutter, Lebendfutter, auch pflanzliche Kost
Größe bis 4,5 cm
Becken 60 cm

Mittlere und obere Beckenbereiche; dunkler Bodengrund, Wurzeln, dichte Bepflanzung mit feinfiedrigen Beständen; beim Männchen Keilfleck bis zum Bauchrand; mit gleich großen Fischen zu vergesellschaften.

Schönflossenbärbling

Rasbora kalochroma

Herkunft Asien: Malaysia, Sumatra, Borneo
Lebensraum ruhige Abschnitte kleinerer Fließgewässer
Temperatur 24 – 28 °C
pH-Wert 6,0 – 6,5
Härte weich bis mittelhart
Ernährung Lebendfutter, Trockenfutter
Größe bis 10 cm
Becken 120 cm

Männchen häufig aggressiv, daher nur zusammen mit robusten Fischen halten; viel freien Schwimmraum lassen und nur teilweise bepflanzen; Männchen kleiner und kräftiger gefärbt.

Kardinalfisch

Tanichthys albonubes

Herkunft Asien: China, Vietnam
Lebensraum kleinere Fließgewässer
Temperatur 17 – 22 °C
pH-Wert 6,0 – 7,5
Härte weich bis hart
Ernährung Lebendfutter, Trockenfutter
Größe bis 4 cm
Becken 60 cm

Im Schwarm halten; nur teilweise bepflanzen; Männchen etwas schlanker und kräftiger gefärbt; nur mit kleinen Fischen vergesellschaften; auf gleiche Temperatur-Optima achten!

Weitere Karpfenähnliche

Siamesische Rüsselbarbe

Crossocheilus siamensis

Herkunft Asien: Thailand, Malayische Halbinsel
Lebensraum Flüsse
Temperatur 23 – 27 °C
pH-Wert 6 – 7,5
Härte weich bis mittelhart
Ernährung pflanzliches Trockenfutter (Futtertabletten), Algen, Kopfsalat, auch Lebendfutter
Größe bis 15 cm
Becken 120 cm

Algenfressende Art; veralgtes Substrat; am Bodengrund oder auf verschiedenem Substrat sitzend; weicher Boden; für genügend Sauerstoff und Strömung sorgen; keine äußere Geschlechtsunterscheidung möglich; gut zu vergesellschaften, z. B. mit Barben oder Bärblingen.

Feuerschwanz

Epalzeorhynchus bicolor

Herkunft Asien: Malaysia, Thailand
Lebensraum Fließgewässer
Temperatur 22 – 26 °C
pH-Wert 6 – 7,5
Härte bis 15 °dGH
Ernährung Trockenfutter, Lebendfutter, Algen, pflanzliche Kost
Größe bis 20 cm
Becken 120 cm

Revierbildend; untere Beckenbereiche; benötigt viele Verstecke und Steine; sandiger Bodengrund; Weibchen blasser; Rückenflosse beim Männchen spitz auslaufend; Zucht schwer; Vergesellschaftung möglich.

Schmerlen

- Die Fischfamilie der Cobitidae gehört zu den Karpfenähnlichen. Es sind insgesamt nur etwa 100 Arten dieser Fische bekannt, die alle in Süßgewässern Asiens und Europas zu finden sind. Die Schmerlen tragen Barteln, die zum Tasten und „Schmecken“ der Nahrung dienen. Das Maul ist unterständig. Folgerichtig suchen sie ihre Nahrung auf dem Bodengrund oder auf pflanzlichem Substrat. Die Körper sind meist walzenförmig und so an das Leben am Boden bestens angepasst. Einige Fische aus dieser Familie haben unterhalb des Auges einen ausklappbaren Dorn, an dem man sich verletzen kann.
- Einige Schmerlenarten können atmosphärischen Sauerstoff atmen. Dabei schlucken sie über der Wasseroberfläche Luft, die in bestimmten Abschnitten des Darms in den Blutkreislauf gelangt. Das befähigt sie dazu, auch in sauerstoffarmen Gewässern zu überleben.
- Zuchten sind in Aquarien bisher kaum gelungen, höchstens zufällig.

Schmerlen und Dorngrundeln

Dornauge

Acanthophthalmus spec.

Herkunft Südostasien
Lebensraum Fließgewässer
Temperatur 24 – 30 °C
pH-Wert 5,5 – 6,5
Härte bis 10 °dGH
Ernährung Trockenfutter (Tabletten), auf Grund sinkendes Lebendfutter, auch pflanzliche Kost
Größe bis 8 cm
Becken 60 cm

Schlangenförmig; nachtaktiv (Fütterung am Abend!); langlebig; dunkle Aquarien; weicher Bodengrund; reich bepflanztes Becken; Weibchen kräftiger; nur mit Fischen der oberen Wasserregionen vergesellschaften.

Tigerschmerle, Tigerprachtschmerle

Botia helodes

Herkunft Asien: Thailand, Laos, Kambodscha, Malaysia
Lebensraum weicher Untergrund fließender Gewässer
Temperatur 24 – 28 °C
pH-Wert 6,0 – 7,0
Härte weich bis mittelhart
Ernährung Lebendfutter, Trockenfutter
Größe bis 20 cm
Becken 120 cm

Dämmerungs-/Nachtaktiv; auf weichen Untergrund und viele Versteckmöglichkeiten achten; Achtung: nur mit großen wehrhaften Fischen vergesellschaften.

Prachtschmerle

Botia macracantha

Herkunft Asien: Indoaustralisches Archipel, Borneo, Sumatra
Lebensraum Seen, Überschwemmungsgebiete
Temperatur 24 – 30 °C
pH-Wert 5 – 7
Härte bis 10 °dGH
Ernährung Trockenfutter (auch Tabletten), Lebendfutter, pflanzliche Kost
Größe bis 16 cm im Aquarium; in der Natur bis zu 30 cm
Becken 120 cm

Im kleinen Schwarm halten; schwimmfreudig; auch am Tag aktiv; nur für große Aquarien ab 120 cm zu empfehlen; weicher Bodengrund; für genügend Verstecke sorgen; ältere Weibchen in der Aufsicht fülliger; nur mit mittelgroßen Fischen der oberen Wasserbereiche vergesellschaften.

Schmerlen

Schachbrettschmerle

Botia sidthimunki

Herkunft Asien: nördliches Thailand, Hinterindien
Lebensraum stehende oder langsam fließende Gewässer
Temperatur 25 – 29 °C
pH-Wert 6 – 7,5
Härte weich bis hart
Ernährung Trockenfutter (auch Tabletten), Lebendfutter
Größe bis 9 cm
Becken 60 cm

Schwimmfreudig und friedlich; im Schwarm halten; weicher Bodengrund; für viele Verstecke sorgen; freier Schwimmraum; reichlich bepflanzen; mit kleinen, nicht revierbildenden Fischen vergesellschaften.

Zebraschmerle, Streifenschmerle

Botia striata

Herkunft Asien: Indien
Lebensraum weicher Untergrund kleiner, schnell fließender Gewässer
Temperatur 22 – 26 °C
pH-Wert 6,0 – 7,5
Härte weich bis mittelhart
Ernährung Lebendfutter, Trockenfutter; vertilgen auch Schnecken
Größe bis 10 cm
Becken 100 cm

Mehrere Tiere halten; auf weichen Untergrund und viele Versteckmöglichkeiten achten; für herkömmliche Gesellschaftsbecken geeignet.

Welse

- Welse gehören mit ungefähr 2.000 Arten zu den artenreichsten Fischgruppen und sind in unterschiedlichen Süßgewässern auf der ganzen Welt zu Hause. Manche Arten sind auch in den Meeren zu finden. Sie leben – mit wenigen Ausnahmen – am Boden. Die für die Aquaristik bedeutenden Familien sind die Schwielen- und Panzerwelse, die Harnischwelse und Fiederbartwelse.
- Wie Schmerlen sind manche Welse dazu in der Lage, atmosphärischen Sauerstoff – zumeist über die Schwimmblase – zu veratmen.
- Welse tragen keine Schuppen auf ihrer Fischhaut. Manche Arten schützen den Körper durch Knochenplatten, die einen Panzer bilden. Die langen Bartfäden sind ein sehr empfindliches Tast- und Geruchsorgan.
- Viele der in Aquarien gehaltenen Welse sind dämmerungs- und nachtaktiv. Daher ist häufig eine Fütterung (Tabletten) am Abend angezeigt.

Welse

Blauer Antennenwels

Ancistrus dolichopterus

Herkunft Südamerika: Amazonaszuflüsse
Lebensraum Fließgewässer; dort oft auf Holz zu finden
Temperatur 23 – 27 °C
pH-Wert 6 – 8
Härte weich bis hart
Ernährung Grünfutter, Algen, pflanzliche Futtertabletten, Holz zum Abraspeln
Größe bis 14 cm
Becken 80 cm

Große, klare, strömungsreiche Becken geeignet; Holzsubstrat zum Abraspeln wichtig; gute Algenvertilger; viele Versteckmöglichkeiten; Männchen mit größeren, geweihartigen Gebilden auf dem Kopf; friedlich; mit anderen Fischen gut zu vergesellschaften.

Smaragd-Panzerwels, Grüner Panzerwels

Brochis splendens

Herkunft Südamerika: Amazonasgebiet
Lebensraum sandiger Untergrund langsam fließender Gewässer
Temperatur 22 – 26 °C
pH-Wert 6,5 – 7,0
Härte weich bis hart
Ernährung absinkendes Lebendfutter, Trockenfutter, pflanzliche Futtertabletten
Größe bis 7 cm
Becken 80 cm

Mehrere Tiere halten; dicht bepflanzen; auf weichen Untergrund und viele Versteckmöglichkeiten achten; Männchen oft kleiner; für herkömmliche Gesellschaftsbecken geeignet.

Metall-Panzerwels

Corydoras aeneus

Herkunft Südamerika
Lebensraum in stehenden und fließenden Gewässern jeder Größe
Temperatur 20 – 26 °C
pH-Wert 6,5 – 7,5
Härte weich bis hart
Ernährung absinkendes Lebendfutter, Trockenfutter, pflanzliche Futtertabletten
Größe bis 7 cm
Becken 60 cm

Mehrere Tiere halten; dicht bepflanzen; auf weichen Untergrund und viele Versteckmöglichkeiten achten; für herkömmliche Gesellschaftsbecken geeignet.

Welse

Marmorierter Panzerwels

Corydoras paleatus

Herkunft Südamerika: Südostbrasilien
Lebensraum kleine Fließgewässer
Temperatur 18 – 24 °C
pH-Wert 6,5 – 8
Härte weich bis hart
Ernährung Futtertabletten, absinkendes Lebendfutter
Größe 8 cm
Becken 80 cm

Im Schwarm halten; feiner sandiger Bodengrund ohne scharfkantigen Kies; Versteckmöglichkeiten wichtig; sehr unempfindliche, robuste Art; Männchen kleiner, mit spitz zulaufender, höherer Rückenflosse; nach Wasserwechsel häufig Balz zu beobachten; gut zu vergesellschaften.

Panda-Panzerwels

Corydoras panda

Herkunft Südamerika: oberes Amazonasgebiet
Lebensraum ruhige, sandige Fließgewässer
Temperatur 22 – 27 °C
pH-Wert 6,0 – 7,5
Härte weich bis mittelhart
Ernährung absinkendes Lebendfutter, Trockenfutter, pflanzliche Futtertabletten
Größe bis 5 cm
Becken 60 cm

Mehrere Tiere halten; dicht bepflanzen; auf weichen Untergrund und viele Versteckmöglichkeiten achten; für herkömmliche Gesellschaftsbecken geeignet.

Leopard-Panzerwels

Corydoras trilineatus

Herkunft Südamerika: Peru
Lebensraum Flüsse und Seen auf weichem Untergrund
Temperatur 24 – 26 °C
pH-Wert 6 – 7,5
Härte weich bis hart
Ernährung Futtertabletten, absinkendes Lebendfutter
Größe 6 cm
Becken 60 cm

Mehrere Tiere halten; teils weicher Bodengrund; auch tagsüber aktiv; Versteckmöglichkeiten sind wichtig; Weibchen fülliger; Paarungsbereitschaft häufig nach Wasserwechsel; gut zu vergesellschaften.

Zebra-Harnischwels

Hypancistrus zebra

Herkunft Südamerika: Rio Xingu in Brasilien
Lebensraum Fließgewässer mit steinigem Untergrund
Temperatur 23 – 27 °C
pH-Wert 6,0 – 7,0
Härte weich bis mittelhart
Ernährung Algen; Trockenfutter, pflanzliche Futtertabletten
Größe bis 8 cm
Becken 80 cm

Auf gute Durchlüftung im Becken achten; Steine und Wurzeln einbringen; Männchen mit längeren Dornen an der Brustflosse und höhere Rückenflosse; für herkömmliche Gesellschaftsbecken geeignet.

Punktierter Harnischwels

Hypostomus punctatus

Herkunft Südamerika: Süd- und Südostbrasilien
Lebensraum Jungtiere in schnell fließenden Flussbereichen, sonst langsam fließende Flussbereiche
Temperatur 18 – 26 °C
pH-Wert 5 – 8
Härte weich bis hart
Ernährung Grünfutter, Algen, pflanzliche Futtertabletten
Größe bis 30 cm
Becken 120 cm

Nur in großen Becken halten; nachtaktiv und scheu; wühlt stark (Pflanzen mit Steinen schützen); Schwimmpflanzen; Versteckmöglichkeiten; Vergesellschaftung mit ruhigen Fischen.

Indischer Glaswels

Kryptopterus bicirrhis

Herkunft Südostasien
Lebensraum im Freiwasser langsam fließender Gewässer
Temperatur 22 – 27 °C
pH-Wert 6 – 7,5
Härte weich bis hart
Ernährung Trockenfutter, Lebendfutter
Größe bis 10 cm
Becken 80 cm

Zwei dünne lange Bartelfäden; sehr durchsichtig; etwas empfindlich; tagaktiv; im Schwarm halten; lichter Pflanzenbewuchs; Schwimmpflanzen; genügend Schwimmraum lassen; leichte Strömung; Weibchen fülliger; mit Welsen und Schwarmfischen zu vergesellschaften.

Welse

Schwalbenschwanz-Glaswels

Pareutropius buffei

Herkunft Afrika: Nigeria
Lebensraum klare Fließgewässer
Temperatur 23 – 27 °C
pH-Wert 6,5 – 7,5
Härte weich bis mittelhart
Ernährung absinkendes Lebendfutter, Trockenfutter
Größe bis 8 cm
Becken 100 cm

Auf viel Schwimmraum achten; Strömung und klares Wasser sehr wichtig; Versteckmöglichkeiten anbieten; Männchen etwas schlanker; mit friedlichen afrikanischen Arten oder im Artenaquarium halten.

Gebänderter Zwergschilderwels

Peckoltia pulcher

Herkunft Südamerika: Südostbrasilien
Lebensraum klare, pflanzenreiche, schnell fließende Gewässer
Temperatur 20 – 26 °C
pH-Wert 6 – 7,5
Härte weich bis hart
Ernährung pflanzliches Trockenfutter (Tabletten), Lebendfutter, Algen, Grünfutter
Größe bis 4 cm
Becken 60 cm

Nachtaktiv; Substratweider; guter Algenvertilger; gute Strömung; veralgte Steine und Wurzeln wichtig; dichte Bepflanzung; mit mittelgroßen, nicht räuberischen Fischen vergesellschaften.

Gebänderter Harnischwels

Rineloricaria spec.

Herkunft Südamerika: Zentral- und Südostbrasilien
Lebensraum schnell fließende Gewässer
Temperatur 22 – 26 °C
pH-Wert 6,5 – 7,5
Härte weich bis mittelhart
Ernährung absinkendes Lebendfutter, Trockenfutter, pflanzliche Futtertabletten, pflanzliche Kost
Größe bis 20 cm
Becken 100 cm

Becken gut durchlüften und auf starke Strömung achten; weicher Untergrund und viele Versteckmöglichkeiten wichtig; keine Algenvertilger; Männchen mit Borsten am Maul; etwas agressiv untereinander; für herkömmliche Gesellschaftsbecken geeignet.

Eierlegende Zahnkarpfen

Rückenschwimmender Kongowels

Synodontis nigriventis

Herkunft Afrika: Kongobecken
Lebensraum ruhige, pflanzenreiche Uferbereiche
Temperatur 23 – 28 °C
pH-Wert 6,5 – 7,5
Härte weich bis hart
Ernährung Lebendfutter, Trockenfutter
Größe bis 8 cm
Becken 100 cm

Nachtaktiv; mehrere Tiere halten; dicht bepflanzen; Männchen meist kleiner und schlanker; für herkömmliche Gesellschaftsbecken geeignet.

Eierlegende Zahnkarpfen

- Die sogenannten Killifische kommen mit Ausnahme von Australien auf allen Kontinenten vor. Die beliebtesten Aquarienfische aus dieser Familie (Cyprinodontidae) kommen aus Afrika und Asien.

- Killifische haben in der Regel einen lang gestreckten Körper mit rundem Querschnitt. Die Oberflächenfische unter den „Killis" haben ein oberständiges Maul.

- Man findet sie am häufigsten in den Flachwasserbereichen stehender oder langsam fließender Gewässer.

- Männchen sind untereinander häufig sehr aggressiv. Sie führen immer wieder wilde Kämpfe aus, die auch zum Tod eines der Männchen führen können. Daher sollten genügend Versteckmöglichkeiten vorhanden sein.

- Unter den eierlegenden Zahnkarpfen gibt es Bodenlaicher, die ihre Eier auf weichem Boden ablegen, und Haftlaicher, die ihre Eier auf Pflanzen befestigen oder in Holz- oder Steinspalten ablegen.

Bunter Prachtkärpfling

Aphyosemion australe

Herkunft Afrika: tropisches Westafrika
Lebensraum kleine Fließgewässer
Temperatur 21 – 24 °C
pH-Wert 5,5 – 6,5
Härte weich bis mittelhart
Ernährung Lebendfutter, Trockenfutter
Größe bis 6 cm
Becken 60 cm

Halten sich nahe der Oberfläche auf; dicht bepflanzen; Männchen mit länger ausgezogener Rückenflosse und kräftigerer Färbung; mit friedlichen, gleich großen Fischen vergesellschaften.

Eierlegende Zahnkarpfen

Gebänderter Prachtkärpfling

Aphyosemion bivittatum

Herkunft Afrika: Kamerun, Nigeria, Togo
Lebensraum kleine Fließgewässer in Regenwäldern
Temperatur 21 – 24 °C
pH-Wert 5,0 – 7,5
Härte weich bis schwach mittelhart
Ernährung Lebendfutter, Trockenfutter
Größe bis 5 cm
Becken 60 cm

Halten sich nahe der Oberfläche und in der Beckenmitte auf; Becken dicht bepflanzen; Männchen mit länger ausgezogenen After-, Schwanz- und Rückenflossen und kräftigerer Färbung; mit friedlichen, gleich großen Fischen vergesellschaften oder im Artenaquarium halten.

Streifenhechtling

Aplocheilus lineatus

Herkunft Asien: Vorderindien, Madras, Sri Lanka
Lebensraum kleine stehende Gewässer
Temperatur 21 – 25 °C
pH-Wert 6 – 7,5
Härte weich bis mittelhart
Ernährung vor allem Lebendfutter wie Drosophila, Regenwürmer, auch Trockenfutter
Größe bis 12 cm
Becken 80 cm

Hält sich an der Oberfläche und in der Beckenmitte auf; aggressiv gegen Artgenossen und gleichartige Fische; springt gern (Abdeckung!); Weibchen kleiner und matter gefärbt; erhöhte Laichbereitschaft nach Absenken des Wasserspiegels auf ca. 20 cm; mit größeren Fischen vergesellschaften.

Querbandhechtling

Epiplatys dageti

Herkunft Afrika: Liberia, Elfenbeinküste, Ghana
Lebensraum kleine Fließgewässer
Temperatur 21 – 24 °C
pH-Wert 6 – 6,5
Härte bis 10 °dGH
Ernährung vor allem Lebendfutter wie Drosophila, kleine Fische, auch Trockenfutter
Größe bis 7 cm
Becken 60 cm

Hält sich an der Oberfläche und in der Beckenmitte auf; im Alter immer aggressiver werdend; dichte Bepflanzung; Schwimmpflanzen; Afterflosse der Männchen spitz auslaufend und wie die Schwanzflosse am Unterrand schwarz gesäumt; Zucht möglich; mit gleich großen Fischen halten.

Lebendgebärende Zahnkarpfen

Gardners Prachtkärpfling

Fundulopanchax filamentosus

Herkunft Afrika: tropisches Westafrika
Lebensraum kleine Fließgewässer
Temperatur 22 – 26 °C
pH-Wert 6,0 – 6,5
Härte weich bis mittelhart
Ernährung Lebendfutter
Größe bis 7 cm
Becken 60 cm

Halten sich nahe der Oberfläche auf; dicht bepflanzen; Männchen mit kräftigerer Färbung und größeren Punkten auf den Flanken; Männchen aggressiv gegenüber anderen Arten sowie Artgenossen; nur mit robusten Fischen vergesellschaften oder im Artenaquarium halten.

Lebendgebärende Zahnkarpfen

- Lebendgebärende Zahnkarpfen bringen voll entwickelte Jungfische zur Welt. Diese sind nach der Geburt sofort in der Lage, zu schwimmen und zu fressen. Das hat den Vorteil, dass die Fischeier bis zum Schlüpfen der Jungen vor der Außenwelt geschützt sind. Allerdings produzieren die Weibchen weniger Nachkommen als die eierlegenden Verwandten.
- Die Männchen der Lebendgebärenden haben eine zum Begattungsorgan umgewandelte Afterflosse, ein sogenanntes Gonopodium. Dieses ermöglicht die innere Befruchtung der Weibchen. Eine einmalige Befruchtung kann zu mehreren Würfen hintereinander führen.
- Lebendgebärende Zahnkarpfen lassen sich auch in einem Gesellschaftsbecken gut züchten. Sobald Jungfische da sind, sollten diese mit Artemien gefüttert werden.
- Lebendgebärende Zahnkarpfen sind sehr robust und leicht zu halten. Daher gehören sie zu den beliebtesten Aquarienfischen überhaupt.

Guppy

Poecilia reticulata

Herkunft ursprünglich nördliches Südamerika, Mittelamerika und Karibik
Lebensraum stehende und leicht fließende Gewässer
Temperatur 20 – 30 °C
pH-Wert 7 – 8,5
Härte mittel bis hart
Ernährung: Trockenfutter, Lebendfutter, Algen, auch pflanzliche Kost
Größe bis 7 cm
Becken 60 cm

Anspruchslos; weltweit in vielen Variationen gezüchtet, rasche Wurffolge; gut bepflanztes Becken; etwas freier Schwimmraum; gut zu vergesellschaften; großflossige Zuchten am besten allein halten.

Lebendgebärende Zahnkarpfen

Molly

Poecilia sphenops

Herkunft Mittel- und Südamerika: Mexiko, Venezuela
Lebensraum Fließgewässer, Brackwasser
Temperatur 23 – 29 °C
pH-Wert 7,5 – 8,5
Härte mittel bis hart
Ernährung Trockenfutter, Lebendfutter, auch pflanzliche Kost, Algen
Größe bis 10 cm (Zuchtform)
Becken 80 cm

Zuchtformen (Black Molly) kurzlebig und empfindlich; häufiger Teilwasserwechsel; bewohnen mittlere und obere Beckenbereiche; reichlich Bepflanzung; genügend Schwimmraum; Schwimmpflanzen für Jungfische; Wurzeln und Steine; gute Algenvertilger; gut zu vergesellschaften.

Schwertträger

Xiphophorus helleri

Herkunft Mittelamerika: Mexiko, Guatemala
Lebensraum Fließgewässer
Temperatur 19 – 27 °C
pH-Wert 7 – 8,3
Härte mittel bis hart
Ernährung Trockenfutter, Lebendfutter, auch pflanzliche Kost, Algen
Größe bis 12 cm
Becken 100 cm

Viele Varianten; lebhafte Schwarmtiere; in der Beckenmitte; Männchen aggressiv; dichte Bepflanzung mit freiem Schwimmraum; für Strömung sorgen; Männchen mit Schwert an der Rückenflosse; gut zu vergesellschaften.

Platy

Xiphophorus maculatus

Herkunft Mittelamerika
Lebensraum Tieflandflüsse und -bäche
Temperatur 10 – 25 °C
pH-Wert 7 – 8,2
Härte mittel bis hart
Ernährung Trockenfutter, Lebendfutter, auch pflanzliche Kost, Algen
Größe Männchen bis 3,5 cm, Weibchen bis 6 cm
Becken 60 cm

Mittlere Beckenregion; Schwimmpflanzen für Jungfische; lockere bis dichte Bepflanzung; genügend freier Schwimmraum; gut zu vergesellschaften.

Halbschnabelhechte

Papageienplaty, Papageien-Kärpfling

Xiphophorus variatus

Herkunft Mittelamerika: südöstliches Mexiko
Lebensraum ruhige, pflanzenreiche Gewässer
Temperatur 15 – 25 °C
pH-Wert 7,0 – 8,0
Härte mittelhart bis hart
Ernährung Algen, Lebendfutter, Trockenfutter, pflanzliche Nahrung
Größe bis 6 cm
Becken 60 cm

Kleinen Schwarm halten; für dichte Randbepflanzung sorgen; genügend Schwimmraum lassen; helle Beleuchtung für Algenwachstum ratsam; für herkömmliche Gesellschaftsbecken geeignet.

Halbschnäbler

- Halbschnabelhechte gehören ebenfalls zu den lebendgebärenden Fischen. Ihre Heimat ist Südostasien. Es sind typische Oberflächenfische kleiner stehender Gewässer. Die Bezeichnung Halbschnäbler rührt vom Unterkiefer her, der den Oberkiefer weit überragt. Die Fische besitzen dadurch ein extrem oberständiges Maul, das zum Fang von Anflugnahrung bestens ausgestattet ist.

- Die Männchen haben – wie die der Lebendgebärenden Zahnkarpfen – eine zum Begattungsorgan umgebaute Afterflosse. Dieses Organ nennt man Andropodium.

Halbschnäbler

Dermogenys spec.

Herkunft Asien: Hinterindien, Malayischer Archipel, Thailand, Singapur, Indonesien
Lebensraum flache Fließgewässer in Küstennähe, Brackwasser
Temperatur 21 – 29 °C
pH-Wert 7 – 8
Härte bis 10 °dGH
Ernährung Lebendfutter, Drosophila und ähnliche Kleininsekten, auch Tablettenfutter; Vitaminzusatz
Größe 7 cm
Becken 80 cm

An der Wasseroberfläche; leichte Strömung; Schwimmpflanzen; hohe, an die Wasseroberfläche reichende Bepflanzung; eventuell Niedrigwasserbecken; anfangs schreckhaft; Männchen aggressiv gegenüber Artgenossen; Zucht nicht ganz einfach; höherer Pflegeaufwand!

Regenbogenfische

Regenbogenfische

➔ Das Hauptverbreitungsgebiet der Regenbogenfische ist Australien und Neuguinea. Auffällig sind der seitlich zusammengedrückte, länglich oval geformte Körper und die zwei Rückenflossen. Erwachsene Fische haben eine besonders kräftige und leuchtende Färbung.

➔ Die Ährenfischartigen gehören zu den Dauerlaichern, sie können über die gesamte Laichzeit jeden Tag Eier ablegen. Als Substrat eignen sich Javamoos oder Wollbündel. Die Eier werden gesammelt und in ein Aufzuchtbecken überführt. Allerdings ist die Aufzucht der Jungfische nicht leicht.

➔ Regenbogenfische sind nicht nur schön anzuschauen, sondern in der Regel auch sehr friedlich und die meisten gesellig. Man sollte diese aktiven Fische in einer größeren Gruppe halten. Auf genügend freien Schwimmraum achten, ohne dicht bepflanzte Areale zu vernachlässigen.

Lachsroter Regenbogenfisch

Glossolepis incisus

Herkunft Asien: Neuguinea
Lebensraum Sentani See und Zuflüsse in der Provinz Papua
Temperatur 24 – 28 °C
pH-Wert 7,0 – 8,0
Härte hart
Ernährung Lebendfutter, Trockenfutter
Größe bis 15 cm
Becken 120 cm

Kleinen Schwarm halten; für dichte Randbepflanzung sorgen; genügend Schwimmraum lassen; Männchen auffällig rot und mit zunehmendem Alter hochrückig; Weibchen eher bräunlich; für herkömmliche Gesellschaftsbecken geeignet.

Werners Regenbogenfisch

Iriatherina werneri

Herkunft Australien und Neuguinea
Lebensraum See und Fließgewässer
Temperatur 24 – 28 °C
pH-Wert 6,0 – 7,5
Härte mittelhart bis hart
Ernährung Lebendfutter, Trockenfutter
Größe bis 5 cm
Becken 80 cm

Kleinen Schwarm halten; für dichte Randbepflanzung sorgen; genügend Schwimmraum lassen; Männchen auffälliger gefärbt und mit weiter ausgezogenen Flossenstrahlen; Weibchen eher bräunlich; für herkömmliche Gesellschaftsbecken geeignet.

Variabler Regenbogenfisch

Melanotaenia affinis

Herkunft Asien: Neuguinea
Lebensraum Bäche, Flüsse, Seen
Temperatur 24 – 28 °C
pH-Wert 7,0 – 8,0
Härte weich bis mittelhart
Ernährung Lebendfutter, Trockenfutter
Größe bis 12 cm
Becken 120 cm

Kleinen Schwarm halten; für dichte Randbepflanzung sorgen; genügend Schwimmraum lassen; für genügend Strömung sorgen; Männchen größer, auffälliger gefärbt und mit spitz zulaufenden After- und Rückenflossen; für herkömmliche Gesellschaftsbecken geeignet.

Boesemans Regenbogenfisch

Melanotaenia boesemani

Herkunft Asien: Neuguinea
Lebensraum Ayamaru-Seenplatte im ruhigen Uferbereich und Zuflüsse
Temperatur 24 – 28 °C
pH-Wert 7,0 – 8,0
Härte mittelhart bis hart
Ernährung Lebendfutter, Trockenfutter
Größe bis 11 cm
Becken 120 cm

Kleinen Schwarm halten; sehr aktiv und springfreudig; für dichte Randbepflanzung sorgen; genügend Schwimmraum lassen; Männchen größer, auffälliger gefärbt und mit zunehmendem Alter hochrückig; für herkömmliche Gesellschaftsbecken geeignet.

Diamant-Regenbogenfisch

Melanotaenia praecox

Herkunft Asien: Neuguinea
Lebensraum kleine Fließgewässer
Temperatur 24 – 28 °C
pH-Wert 6,0 – 7,0
Härte weich
Ernährung Lebendfutter, Trockenfutter, pflanzliche Nahrung
Größe bis 6 cm
Becken 100 cm

Im Schwarm halten (mehr als 10 Tiere); für dichte Randbepflanzung sorgen; genügend Schwimmraum lassen; Männchen größer, auffälliger gefärbt; für herkömmliche Gesellschaftsbecken geeignet.

Buntbarsche

Juwelen-Regenbogenfisch

Melanotaenia trifasciata

Herkunft Australien: Kap-York-Halbinsel, nordöstliches Australien
Lebensraum Fließgewässer
Temperatur 25 – 28 °C
pH-Wert 6,0 – 8,0
Härte weich bis hart
Ernährung Lebendfutter, Trockenfutter
Größe bis 13 cm
Becken 120 cm

Im Schwarm viel mehr Weibchen als Männchen halten; auf ausreichend Strömung achten; für dichte Randbepflanzung sorgen; genügend Schwimmraum lassen; Männchen auffälliger gefärbt, hochrückiger und mit länger ausgezogenen Rücken- und Afterflossen; für herkömmliche Gesellschaftsbecken geeignet.

Buntbarsche

- Die Buntbarsche (Cichliden) gehören mit 900 Arten zu den größten und vielfältigsten Fischfamilien. Wie alle Barsche haben auch die meisten Buntbarsche eine zweigeteilte Rückenflosse mit Hart- (vorn) und Weichstrahlen (hinten).
- Die Heimat der meisten Cichliden ist Afrika, Süd- und Mittelamerika. Nur wenige Arten sind in Asien zu finden.
- Die bekanntesten Cichliden-Gewässer sind sicherlich der Malawi- und Tanganjikasee.
- Cichliden sind auch hinsichtlich der Evolution eine sehr interessante Tiergruppe. In den genannten ostafrikanischen Grabenseen entwickelten sich eine Vielzahl neuer Arten mit speziellen Anpassungen an ihre jeweilige Umgebung.
- Buntbarsche bildeten im Laufe ihrer Entwicklung eine ganze Reihe von Familien- und Fortpflanzungsverhaltensweisen aus. Die spektakulärste ist sicher das Maulbrüten. Dabei reifen die Eier oder die Larven im Maul der Eltern heran.

Afrikanischer Schmetterlingsbuntbarsch

Anomalochromis thomasi

Herkunft Afrika: Liberia, Guinea, Sierra Leone
Lebensraum kleine Fließgewässer
Temperatur 22 – 27 °C
pH-Wert 6,5 – 7,5
Härte weich bis mittelhart
Ernährung Lebendfutter, Trockenfutter, pflanzliche Nahrung
Größe bis 9 cm
Becken 80 cm

Paarweise halten; für dichte Bepflanzung sorgen; flache Steine für das Ablaichen einsetzen; auf genügend Versteckmöglichkeiten achten; Männchen größer, auffälliger gefärbt; für herkömmliche Gesellschaftsbecken geeignet.

Agassiz'-Zwergbuntbarsch

Apistogramma agassizii

Herkunft Südamerika: Amazonas
Lebensraum ruhige Fließgewässer, Überschwemmgebiete
Temperatur 22 – 26 °C
pH-Wert 6,0 – 7,0
Härte weich bis mittelhart
Ernährung Lebendfutter, Trockenfutter
Größe bis 9 cm
Becken 100 cm

Ein Männchen mit mehreren Weibchen halten; weicher Sandboden zur Anlage von Laichgruben; für dichte Bepflanzung sorgen; auf genügend Versteckmöglichkeiten achten; Männchen größer, auffälliger gefärbt und mit länger ausgezogenen Flossen; für herkömmliche Gesellschaftsbecken geeignet.

Kakadu-Zwergbuntbarsch

Apistogramma cacatuoides

Herkunft Südamerika
Lebensraum kleinere Fließgewässer
Temperatur 23 – 28 °C
pH-Wert 6,0 – 7,5
Härte weich bis mittelhart
Ernährung Lebendfutter, Trockenfutter
Größe bis 9 cm
Becken 100 cm

Ein Männchen mit mehreren Weibchen halten; Männchen untereinander sehr aggressiv; weichen Sandboden verwenden; für dichte Bepflanzung sorgen; auf genügend Versteckmöglichkeiten achten; Männchen größer, auffälliger gefärbt und mit länger ausgezogenen Flossen; für herkömmliche Gesellschaftsbecken geeignet.

Kaiserbuntbarsch

Aulonocara hansbaenschi

Herkunft Afrika: Malawisee
Lebensraum Zwischen Sand- und Felszone
Temperatur 23 – 27 °C
pH-Wert 7,5 – 8,5
Härte mittelhart bis hart
Ernährung Lebendfutter, Trockenfutter
Größe bis 15 cm
Becken 150 cm

Ein Männchen mit mehreren Weibchen halten; revierbildend; Maulbrüter; wichtig sind Felsaufbauten mit vielen Versteckmöglichkeiten; auf ausreichend Schwimmraum achten; Männchen deutlich prächtiger gefärbt; mit anderen Malawi-Buntbarschen in einem typischen Ostafrikabecken vergesellschaften.

Buntbarsche

Feuermaul-Buntbarsch
Cichlosoma meeki

Herkunft Mittelamerika: Yukatan, Guatemala
Lebensraum flache Flussufer zwischen Holz und Felsbrocken
Temperatur 21 – 25 °C
pH-Wert 6,5 – 8,5
Härte weich bis sehr hart
Ernährung Lebendfutter (auch Würmer), Trockenfutter
Größe bis 15 cm
Becken 100 cm

Unterer Beckenbereich; paarweise halten; für Verstecke sorgen; Offenbrüter; Elternfamilie; Weibchen mit schwarzem Fleck auf der Rückenflosse; nur mit robusten Arten vergesellschaften.

Beulenkopfmaulbrüter
Cyrtocara moorii

Herkunft Afrika: Malawisee
Lebensraum sandiger Küstenbereich
Temperatur 23 – 26 °C
pH-Wert 7,5 – 8,5
Härte mittelhart bis hart
Ernährung Lebendfutter, Trockenfutter, Fleischstückchen
Größe bis 25 cm
Becken 150 cm

Ein Männchen mit mehreren Weibchen halten; Maulbrüter; Mutterfamilie; wichtig sind Felsaufbauten mit vielen Versteckmöglichkeiten; sandiger Untergrund; auf ausreichend Schwimmraum achten; Männchen etwas auffälliger gefärbt und etwas größer; mit anderen Malawi-Buntbarschen in einem Ostafrikabecken pflegen.

Türkisgoldbarsch
Melanochromis auratus

Herkunft Afrika: Malawisee
Lebensraum Felsenküste
Temperatur 21 – 25 °C
pH-Wert 7 – 8,5
Härte mittel bis hart
Ernährung Lebendfutter (auch Würmer), Trockenfutter, Algen, auch pflanzliche Kost
Größe Männchen 12 cm, Weibchen 9 cm
Becken 100 cm

Lebhaft und aggressiv; ein Männchen mit mehreren Weibchen halten; versteckreiches Felsenaquarium; nur robuste Pflanzen; männliche Tiere mit schwarzem Bauch, weibliche Tiere mit gelbem Bauch; Maulbrüter, Mutterfamilie.

Gestreifter Zwergbuntbarsch

Nannacara anomala

Herkunft Südamerika: Westguayana
Lebensraum kleine Bäche und Altwasser von Flüssen
Temperatur 22 – 26 °C
pH-Wert 6 – 7,5
Härte weich bis hart
Ernährung Lebendfutter, seltener Trockenfutter
Größe Männchen bis 9 cm, Weibchen 5 cm
Becken 60 cm

Im unteren und mittleren Beckenbereich; friedlich; für Verstecke und freien Schwimmraum sorgen; Höhlenbrüter, bildet Mutterfamilie; kann mit kleineren, friedlichen Fischen vergesellschaftet werden.

Prinzessin von Burundi

Neolamprologus brichardi

Herkunft Afrika: Tanganjikasee
Lebensraum sedimentbedecktes Felsenbiotop in einigen Metern Tiefe
Temperatur 25 – 27 °C
pH-Wert 7,5 – 9
Härte mittel bis hart
Ernährung Lebendfutter, Trockenfutter
Größe Männchen bis 10 cm, Weibchen 8 cm
Becken 80 cm

Paarweise halten; Felsenaquarium; genügend Schwimmraum; Männchen mit spitzer ausgezogener Rückenflosse; Höhlenbrüter, Elternfamilie.

Schmetterlingsbuntbarsch

Papiliochromis ramirezi

Herkunft Südamerika: Venezuela, Kolumbien
Lebensraum sumpfige Lagunen in offenen Savannengegenden
Temperatur 22 – 26 °C
pH-Wert 5 – 6,5
Härte bis 10 °dGH
Ernährung Lebendfutter, Trockenfutter
Größe bis 6 cm (asiatische Zuchtformen größer)
Becken 60 cm

Paarweise halten; empfindliche Art; dicht bepflanzen; für Versteckmöglichkeiten sorgen; Männchen mit längerem erstem Rückenflossenstrahl, Weibchen mit rosa Bauch während sexueller Reife; Offenbrüter, Elternfamilie; mit ruhigen Fischen vergesellschaften.

Buntbarsche

Purpurprachtbuntbarsch
Pelvicachromis pulcher

Herkunft Afrika: südliches Nigeria
Lebensraum flache Zonen langsam fließender Gewässer, auch Brackwasser
Temperatur 23 – 25 °C
pH-Wert 6 – 7
Härte weich bis hart
Ernährung Lebendfutter, Trockenfutter
Größe bis 10 cm
Becken 80 cm

Paarweise halten; untere und mittlere Beckenbereiche; dichte Bepflanzung mit genügend freiem Schwimmraum; für Versteckmöglichkeiten sorgen; Weibchen kleiner, mit glänzender Rückenflosse; Höhlenbrüter; Vater-Mutter-Familie; mit Schwarmfischen der oberen Beckenregion zu vergesellschaften.

Kleiner Maulbrüter
Pseudocrenilabrus multicolor

Herkunft Afrika: Nil
Lebensraum dicht bewachsene Flussabschnitte
Temperatur 20 – 25 °C
pH-Wert 6,5 – 7,5
Härte mittelhart bis hart
Ernährung Lebendfutter, Trockenfutter
Größe bis 8 cm
Becken 80 cm

Ein Männchen mit mehreren Weibchen halten; Maulbrüter; Mutterfamilie; Becken dicht bepflanzen; auf ausreichend Schwimmraum achten; Versteckmöglichkeiten bieten; Männchen während der Laichzeit deutlich auffälliger gefärbt als die Weibchen; für herkömmliche Gesellschaftsbecken geeignet.

Skalar, Segelflosser
Pterophyllum scalare

Herkunft Südamerika: Amazonas
Lebensraum tiefe, langsam fließende oder stehende Gewässer
Temperatur 23 – 28 °C
pH-Wert 5,5 – 7,5
Härte weich bis mittelhart
Ernährung Lebendfutter, Trockenfutter, auch Grünfutter
Größe bis 15 cm
Becken 80 cm

Schwarmfisch der mittleren Beckenregion; während der Laichzeit revierbildend; hohes Becken ratsam; großblättrige Pflanzen; genügend Schwimmraum; große Wurzeln verwenden; Zucht möglich; Elternfamilie; mit nicht zu kleinen, friedlichen Fischen vergesellschaften, die keine Flossen zupfen.

Labyrinthfische

Echter Diskus

Symphysodon discus

Herkunft Südamerika: Rio Negro
Lebensraum ruhige Fließgewässerabschnitte
Temperatur 25 – 29 °C
pH-Wert 6,0 – 6,5
Härte weich
Ernährung Lebendfutter, spezielles Trockenfutter, geschabtes Rinderherz
Größe bis 20 cm
Becken 120 cm

In kleiner Gruppe halten; dicht bepflanzen, aber auf ausreichend Schwimmraum achten; Männchen und Weibchen schwer zu unterscheiden – nur anhand der spitzeren Genitalpapillen beim Männchen während der Laichzeit; für herkömmliche Gesellschaftsbecken mit anderen friedlichen Fischen geeignet.

Labyrinthfische

- Die Anabantoidei sind in Afrika und Asien verbreitet. Ein besonderes Kennzeichen dieser Fische ist ein zusätzliches Atmungsorgan, das Labyrinth genannt wird. Dabei handelt es sich um Hautfalten und Hautlamellen oberhalb der Kiemen im Kopfbereich. Diese Hautstrukturen sind stark durchblutet und ermöglichen es den Fischen, an der Wasseroberfläche Luft zu atmen. Daher halten es die Labyrinthfische auch in sauerstoffarmen Gewässern aus. Sie können deshalb auch kleinste schlammige Tümpel, überschwemmte Reisfelder und extrem flache Gewässerabschnitte bewohnen.
- Bei der Haltung im Aquarium ist auf einen genügend großen und temperierten Luftraum oberhalb der Wasserfläche zu achten, damit sich die Fische beim Atmen nicht erkälten.
- Viele Labyrinther betreiben Brutpflege. Dazu bauen sie meist ein sogenanntes Schaumnest, das aus schleimumkleideten Luftblasen besteht und an der Wasseroberfläche schwimmt.

Kleiner Kampffisch

Betta imbellis

Herkunft Asien: Malaysia, Indonesien
Lebensraum ruhige Fließgewässer und stehende Gewässer
Temperatur 24 – 27 °C
pH-Wert 6,5 – 7,5
Härte weich bis mittelhart
Ernährung Lebendfutter, Trockenfutter
Größe bis 5 cm
Becken 60 cm

Paarweise halten; in kleinen Becken nie gleichzeitig mit einem weiteren Männchen halten; teilweise dicht bepflanzen und auch Schwimmpflanzen für Schaumnester einbringen; Männchen auffälliger gefärbt; für herkömmliche Gesellschaftsbecken mit anderen Labyrinthfischen und robusten kleinen Fischen geeignet.

Labyrinthfische

Siamesischer Kampffisch

Betta splendens

Herkunft Asien: Thailand
Lebensraum Reisfelder, Gräben, Sümpfe
Temperatur 25 – 27 °C
pH-Wert 6 – 7,5
Härte weich bis hart
Ernährung Lebendfutter, Trockenfutter
Größe bis 7 cm
Becken 60 cm

Nur ein Männchen im Becken halten, ansonsten Kämpfe bis zum Tod nicht auszuschließen; dichte Bepflanzung; Schwimmpflanzen; Weibchen unscheinbar braun, mit kürzeren Flossen; Zucht möglich; Schaumnestbauer; Vaterfamilie.

Zwergfadenfisch

Colisa lalia

Herkunft Asien: Nordostindien, Bangladesch
Lebensraum Flüsse und Kanäle mit Pflanzen
Temperatur 24 – 28 °C
pH-Wert 6 – 7,5
Härte weich bis mittelhart
Ernährung Lebendfutter, Trockenfutter
Größe bis 6 cm
Becken 60 cm

Im oberen oder mittleren Beckenbereich; dicht bepflanzen; auch Schwimmpflanzen; paarweise oder im größeren Aquarium in kleiner Gruppe halten; Männchen bunt, mit spitz auslaufenden Rücken- und Afterflossen; Schaumnestbauer; Vaterfamilie; gut zu vergesellschaften.

Küssender Gurami

Helostoma temminckii

Herkunft Asien: Thailand, Borneo, Sumatra, Java
Lebensraum Fließgewässer und kleine Seen
Temperatur 22 – 28 °C
pH-Wert 6,5 – 8,5
Härte weich bis hart
Ernährung Algen, Lebendfutter, Trockenfutter, frische pflanzliche Nahrung
Größe bis 15 cm
Becken 120 cm

Auf viel freien Schwimmraum achten; nur robuste Pflanzen einsetzen, da Pflanzen häufig angeknabbert werden; Männchen erzeugen beim Kämpfen „küssendes" Geräusch (Name!); Eier treiben auf der Wasseroberfläche und können leicht in Aufzuchtbecken überführt werden; mit größeren robusten Fischen vergesellschaften.

Paradiesfisch

Macropodus opercularis

Herkunft Asien: Südchina, Korea, Vietnam, Formosa
Lebensraum Wassergräben, Sumpfgebiete, Bäche, Reisfelder
Temperatur 22 – 25 °C
pH-Wert 6 – 8
Härte weich bis hart
Ernährung Lebendfutter, Trockenfutter
Größe bis 12 cm
Becken 80 cm

Dichte Bepflanzung; Schwimmpflanzen; Wurzeln; Männchen farbiger, mit längeren Flossen; Zucht bei paarweiser Haltung möglich; Schaumnestbauer; Vaterfamilie; nicht mit kleinen Fischen vergesellschaften.

Gestreifter Fadenfisch

Polyacanthus fasciatus

Herkunft Asien: Indien, Nepal, Pakistan, Bangladesch, Birma
Lebensraum Fließgewässer und kleine Seen
Temperatur 22 – 28 °C
pH-Wert 6,0 – 7,5
Härte weich bis mittelhart
Ernährung Lebendfutter, Trockenfutter
Größe bis 10 cm
Becken 80 cm

Auf viel freien Schwimmraum achten; Schwimmpflanzen einsetzen; Schaumnester werden von Männchen überwacht; Weibchen nach dem Laichen aus dem Becken entfernen, um sie vor den Attacken der Männchen zu schützen; für Gesellschaftsbecken mit Labyrinthfischen und robusten kleinen Fischen geeignet.

Honiggurami, Honigfadenfisch

Trichogaster chuna

Herkunft Asien: Indien, Bangladesch
Lebensraum langsam fließende und stehende Gewässer
Temperatur 22 – 28 °C
pH-Wert 6,0 – 7,5
Härte weich bis hart
Ernährung Lebendfutter, Trockenfutter
Größe bis 5 cm
Becken 80 cm

Dichte Bepflanzung; Schwimmpflanzen; Männchen nur zur Laichzeit mit honigfarbener Färbung; zu anderen Zeiten sind die Geschlechter nicht zu unterscheiden; Schaumnestbauer; nur mit friedlichen Fischen oder in einem Artenbecken halten.

Mosaikfadenfisch

Trichogaster leeri

Herkunft Asien: Malaysia, Sumatra, Borneo
Lebensraum saure, weiche, langsam fließende Gewässer
Temperatur 23 – 27 °C
pH-Wert 5,5 – 7,5
Härte weich bis hart
Ernährung Lebendfutter, Trockenfutter
Größe bis 15 cm
Becken 100 cm

Nur in großen Aquarien halten; dichte Bepflanzung; Schwimmpflanzen; Männchen mit orangeroter Brust und längerer Rückenflosse; Schaumnestbauer; Vaterfamilie; nur mit ruhigen Bodenbewohnern vergesellschaften.

Blauer Fadenfisch

Trichogaster trichopterus sumatranus

Herkunft Asien: Sumatra, Malaysia
Lebensraum Fließgewässer mit schwacher Strömung
Temperatur 22 – 28 °C
pH-Wert 6 – 8
Härte weich bis hart
Ernährung Lebendfutter, Trockenfutter, auch Grünfutter
Größe bis 12 cm
Becken 100 cm

Im mittleren und oberen Beckenbereich; dichte Bepflanzung; Schwimmpflanzen; Männchen mit längerer Rückenflosse; Schaumnestbauer; Vaterfamilie; mit friedlichen Fischen vergesellschaften.

Knurrender Gurami

Trichopsis vittata

Herkunft Asien: Vietnam, Thailand, Malaysia, Borneo, Sumatra, Java
Lebensraum ruhige Fließgewässer, stehende Gewässer (oft sauerstoffarm)
Temperatur 22 – 28 °C
pH-Wert: 6,5 – 7,5
Härte weich bis mittelhart
Ernährung Algen, Lebendfutter, Trockenfutter
Größe bis 6 cm
Becken 60 cm

Dicht bepflanzen; für Verstecke sorgen; Pärchen geben während der Paarungszeit knurrende Geräusche von sich; bauen Schaumnester; nur mit kleinen friedlichen Fischen vergesellschaften oder im Artenbecken pflegen.

Aquarienpflanzen

Im Folgenden ist eine kleine Auswahl an geeigneten Pflanzen porträtiert.
Die Pflanzen im Schaubecken des Zoofachhandels können sich je nach Entwicklungsstadium erheblich von den nachfolgenden Bildern sowohl in der Form als auch der Farbe unterscheiden. Nicht enttäuscht sein, wenn Sie nicht auf Anhieb alle gewünschten Pflanzen finden. Die Auswahl im Fachhandel ist meistens begrenzt.

Kleines Papageienblatt

Alternanthera reinickii

Herkunft Südamerika
Temperatur 18 – 25 °C
Härte weich bis mittelhart

In Form und Farbe sehr variabel; in Gruppen für mittlere und vordere Bereiche; CO_2-Düngung empfehlenswert.

Zwergspeerblatt

Anubias barteri var. nana

Herkunft tropisches Westafrika
Temperatur 22 – 26 °C
Härte weich bis mittelhart

Geeignete Pflanze für den Vordergrund; langsam wachsend; CO_2-Düngung; auch als Aufsitzer auf Steinen und Wurzeln.

Barters Speerblatt

Anubias barteri

Herkunft tropisches Westafrika
Temperatur 25 °C
Härte weich bis hart

Bis 40 cm hoch; für Hintergrund geeignet; am besten in offenen Aquarien zu pflegen.

Boivins Wasserähre

Aponogeton boivinianus

Herkunft Madagaskar
Temperatur 22 – 25 °C
Härte weich bis mittelhart

Bis 60 cm lange Blätter; helle Beleuchtung nötig; Solitärpflanze in hohen Aquarien.

Krause Wasserähre

Aponogeton crispius

Herkunft Indien, Sri Lanka
Temperatur 25 – 30 °C
Härte weich bis mittelhart

In der Form variabel; bis 50 cm lange Blätter; ab und zu Schwimmblätter entwickelnd; Solitärpflanze im mittleren und hinteren Beckenbereich; CO_2-Düngung empfehlenswert.

Karolina-Fettblatt

Bacopa caroliniana

Herkunft mittlere und südliche USA
Temperatur 20 – 26 °C
Härte weich bis mittelhart

Schnell wachsend; für Hintergrund und Seiten; in Gruppen pflanzen.

Karolina-Haarnixe

Cabomba caroliniana

Herkunft Mittelamerika
Temperatur 23 – 25 °C
Härte weich bis hart

Schnell wachsend; für Hintergrund und Seiten; CO_2-Düngung; feinfiedrig.

Gemeines Hornblatt

Ceratophyllum demersum

Herkunft Kosmopolit
Temperatur 22 – 28 °C
Härte mittelhart bis hart

Schnell wachsend; für Hintergrund und Seiten; in Gruppen oder frei setzen.

Gehörnter Hornfarn

Ceratopteris cornuta

Herkunft Mexiko
Temperatur 22 – 28 °C
Härte weich bis hart

Schwimmpflanze; sehr schnell wachsend; Blattdurchmesser bis zu 40 cm; empfehlenswert bei Jung- und Labyrinthfischen.

Sumatrafarn

Ceratopteris thalictroides

Herkunft Tropen-Kosmopolit
Temperatur 22 – 28 °C
Härte weich bis mittelhart

Einzeln pflanzen; schnell wachsend; für große Becken; CO_2-Düngung.

Haertels Wasserkelch

Cryptocoryne affinis

Herkunft Malaiische Halbinsel
Temperatur 22 – 26 °C
Härte mittelhart

Langsam bis mäßig schnell wachsend; für Hintergrund oder mittleren Bereich.

Genoppter Wasserkelch

Cryptocoryne crispatula

Herkunft Indien, südliches China
Temperatur 22 – 27 °C
Härte mittelhart bis hart

Langsam wachsend; für Beckenmitte einzeln oder als Gruppe; CO_2-Düngung.

Wendt's Wasserkelch

Cryptocoryne wendtii

Herkunft Sri Lanka
Temperatur 22 – 26 °C
Härte weich bis mittelhart

Mäßig schnell wachsend; einzeln oder in Gruppen in Beckenmitte; eisenhaltiger Dünger.

Willis Wasserkelch

Cryptocoryne willisii

Herkunft Sri Lanka
Temperatur 18 – 28 °C
Härte weich bis hart

Sehr langsam wachsend; bis 15 cm hoch; in Gruppen im vorderen Bereich einbringen.

Amazonas-Schwertpflanze

Echinodorus amazonicus

Herkunft Südamerika
Temperatur 22 – 26 °C
Härte weich bis mittelhart

Mäßig schnell wachsend; als Solitärpflanze; hoher Lichtbedarf; CO_2-Düngung.

Herzblättriger Wasserwegerich

Echinodorus cordifolius

Herkunft amerikanischer Kontinent
Temperatur 20 – 28 °C
Härte mittelhart bis hart

Schnell wachsend; als Solitärpflanze; für hohe Aquarien; hoher Lichtbedarf.

Schwarze Amazonas

Echinodorus parviflorus

Herkunft vermutlich Südamerika
Temperatur 22 – 28 °C
Härte weich bis mittelhart

Schnell wachsend; für Beckenmitte oder Hintergrund; genügend Düngung.

Bolivianische Schwertpflanze
Echinodorus quadricostatus

Herkunft Mittel- und Südamerika
Temperatur 20 – 28 °C
Härte weich bis hart

Rasen bildend; bis 10 cm hoch; in Gruppen im vorderen oder mittleren Bereich einbringen.

Grasartige Schwertpflanze
Echinodorus tenellus

Herkunft amerikanischer Kontinent
Temperatur 18 – 28 °C
Härte weich bis hart

Flächigen Rasen bildend; bis 10 cm hoch; in Gruppen im vorderen Bereich einbringen.

Barth's Schwertpflanze
Echinodorus x barthii

Herkunft nicht genau bestimmt
Temperatur 18 – 28 °C
Härte weich bis hart

Bis 40 cm hoch; CO_2-Düngung empfehlenswert; Solitärpflanze für den mittleren Bereich.

Argentinische Wasserpest
Egeria densa

Herkunft USA
Temperatur 10 – 26 °C
Härte weich bis hart

Schnell wachsend; für Hintergrund oder Seiten; geeignet zur Erstbepflanzung.

Wasserfeder
Hottonia palustris

Herkunft Europa, Nordasien
Temperatur 15 – 25 °C
Härte mittelhart

Stängelpflanze; kann bis 100 cm hoch werden; in Gruppen im vorderen und mittleren Bereich einsetzen.

Brasilianischer Wassernabel
Hydrocotyle leucocephala

Herkunft Mittel- und Südamerika
Temperatur 20 – 28 °C
Härte weich bis hart

Schnell wachsend; sehr dekorativ; stickstoffzehrend; robust.

Qurirliger Wassernabel
Hydrocotyle verticillata

Herkunft Nord- und Südamerika, im subtropischen bis tropischen Bereich
Temperatur um 25 °C
Härte weich bis hart

Für den Vordergrund sehr attraktiv.

Indischer Wasserfreund
Hygrophila polysperma

Herkunft Indien und Buthan
Temperatur 22 – 28 °C
Härte weich bis hart

Schnell wachsend; für Hintergrund und Seiten; CO_2-Düngung.

Südamerikanischer Froschbiss
Limnobium laevigatum

Herkunft Südamerika
Temperatur 20 – 28 °C
Härte weich bis mittelhart

Schwimmpflanze; rasche Vermehrung; Blattdurchmesser bis 4 cm.

Pfennigweiderich
Lysimachia nummularia

Herkunft alle gemäßigten Zonen
Temperatur 15 – 30 °C
Härte weich bis hart

Im Wasser bis 40 cm hoch werdend; sehr pflegeleicht; im Aquarienvordergrund oder im mittleren Bereich.

Javafarn
Microsorium pteropus

Herkunft tropisches Asien
Temperatur 20 – 28 °C
Härte weich bis hart

Langsam bis mäßig schnell wachsend; auf Steinen oder Holz befestigen.

Tigerlotus
Nymphaea lotus

Herkunft tropisches Afrika und Madagaskar
Temperatur 22 – 25 °C
Härte weich bis hart

Blätter bis 25 cm groß werdend; variabel in der Färbung; bilden auch Schwimmblätter; am schönsten als Solitärpflanze im mittleren Bereich.

Roter Tigerlotus
Nymphaea lotus

Herkunft Afrika, Madagaskar
Temperatur 22 – 28 °C
Härte weich bis mittelhart

Mäßig schnell wachsend; hoher Lichtbedarf; CO_2-Düngung.

Muschelblume, Wassersalat
Pistia stratiotes

Herkunft Tropen-Kosmopolit
Temperatur 22 – 30 °C
Härte weich bis hart

Schwimmpflanze; Eisendüngung; starke Beleuchtung fördert das Wachstum.

Rotweiderich
Rotala macrandra

Herkunft südliches Indien
Temperatur 24 – 28 °C
Härte weich bis hart

Sprosse bis 40 cm hoch werdend; kräftig gefärbt; in großen Aquarien als Gruppe im mittleren Bereich sehr passend; auf CO_2-Düngung achten.

Kleines Pfeilkraut
Sagittaria subulata

Herkunft USA, Südamerika
Temperatur 18 – 28 °C
Härte mittelhart bis hart

Grasartig wachsend;
für Vordergrund; robust.

Schraubenvallisneria
Vallisneria spiralis

Herkunft Südeuropa, Südwestasien
Temperatur 15 – 30 °C
Härte weich bis hart

Rosette bildend; Blätter bis 100 cm lang werdend; sehr pflegeleicht; wegen der Größe im Aquarienhintergrund halten.

Javamoos
Vesicularia dubyana

Herkunft Philippinen, Sundainseln
Temperatur 18 – 28 °C
Härte weich bis hart

Mäßig schnell wachsend; für die Beckenmitte geeignet; gutes Versteck für Jungfische; auf Steinen oder Wurzeln verankern.

Aquarientypen

Wenn Sie sich für einen bestimmten Aquarientyp entschieden haben, ist die Auswahl der Fische und Pflanzen gar nicht mehr so schwer. Und denken Sie immer daran:
Die lebenden Organismen geben die Bedingungen im Aquarium vor, und der gute Aquarianer trägt dafür gewissenhaft Sorge. Hier finden Sie eine kleine Auswahl der gängigsten Aquarientypen. Seien Sie aber auch offen für Ihre eigenen Ideen, wenn diese fundiert und artgerecht umsetzbar sind. Aber stets sollte die Natur Vorbild sein.

Das Gesellschaftsbecken

Fast jeder Aquarianer fängt damit an: das Gesellschaftsbecken. Dieses beherbergt eine Reihe verschiedener Fischarten, meistens aus unterschiedlichen Gruppen oder Familien. Die eingesetzten Fische müssen sich untereinander vertragen und dieselben Bedingungen und Ansprüche an die Wasserqualität stellen. Nur so kann das Nebeneinander funktionieren. Zudem ist zu berücksichtigen, dass die unterschiedlichen Fische, die Sie einsetzen, um die Nahrung konkurrieren.
Das bedeutet, dass die verschiedenen Zonen – Boden, Beckenmitte und Wasseroberfläche – gleichmäßig besetzt sein sollten. Höchstens ein oder zwei Arten pro Zone sollte der Einsteiger pflegen. Nur so ist friedliche Koexistenz gewährleistet.

Struktur- und Artenfülle: So sieht ein prächtiges südamerikanisches Landschaftsbecken aus!

Lebendgebärende Zahnkarpfen dominieren das Mittelamerika-Becken.

Dem Aquarianer bleibt es natürlich selbst überlassen, ob er Tiere und Pflanzen aus gleicher oder unterschiedlicher geografischer Herkunft in seinem Aquarium pflegt. Aber die Nachbildung eines bestimmten Gewässerausschnitts mit entsprechenden Fischen und Pflanzen macht das Biotop Aquarium irgendwie authentischer und lebensnaher. Somit sind wir schon beim nächsten Aquarientyp:

Das Biotopaquarium

Es ist nicht möglich, die Natur bis ins kleinste Detail zu imitieren. Man bedenke, dass in der Natur ein biologisches Gleichgewicht herrscht, beispielsweise zwischen Raub- und Beutetieren. Dafür ist der Lebensraum Aquarium viel zu klein. Innerhalb kürzester Zeit wären nur noch die Räuber übrig – eine eher betrübliche Aussicht. Wichtiger ist es, für die richtigen Strukturen im Becken zu sorgen. Beim Biotopaquarium kommt es darauf an, den Fischen aus einem bestimmten natürlichen Lebensraum die naturähnliche Umgebung des Heimatgewässers zu bieten. Ein Beispiel: Sie wollen einen Bachlauf im Amazonasbecken nachahmen. Dieses Biotop ist geprägt durch Geäst und Pflanzenteile. Dort, wo Sonne durch das Regenwalddach dringt, gedeihen Pflanzen. Das Wasser ist in der Natur dunkel gefärbt und leicht sauer. Um das Biotop nachzubilden, verwendet man bizarre Moorkienwurzeln. Der Bodengrund besteht aus mittelgrobem Kies. Abgebrühtes Laub (aus dem Wald) bedeckt eine Ecke des Bodengrunds. Um die Hölzer gruppieren sich mittelhohe Pflanzen. Im Hintergrund bilden hochwachsende, langblättrige Pflanzen (z. B. Vallisnerien) ein Dickicht. Silberbauchfische, Segelflosser, Kaisersalmler und Panzerwelse hauchen dem Aquarium reichlich Leben ein.

Felsaufbauten in einem Becken mit Buntbarschen, die aus den ostafrikanischen Grabenseen stammen

Das Artenaquarium

In einem Artenaquarium pflegt der Aquarianer eine Art oder mehrere Arten aus einer Fischgattung. Zum einen ist diese Haltung bei einigen Pfleglingen nicht anders zu bewerkstelligen, etwa weil sie aufgrund ihrer Verhaltensweisen für ein Gesellschaftsaquarium ungeeignet sind oder weil sie ganz besondere Haltungsbedingungen brauchen, z. B. die Wasserwerte wie Temperatur, pH-Wert betreffend. Zum anderen besteht der Reiz eines Artenaquariums gerade darin, bestimmte Fischarten, für die der Aquarianer mit der Zeit Vorlieben entwickelte, in einem auf diese Fische abgestimmten Becken zu pflegen und zu beobachten. Natürlich erhöht sich dann auch die Wahrscheinlichkeit, Er-folge in der Nachzucht der Pfleglinge zu erzielen.
Die häufigsten Artaquarien in den Wohnzimmern von Aquarianern sind sicherlich Becken mit bestimmten Buntbarscharten. Meistens bilden sie die ostafrikanischen Grabenseen, Malawisee und Tanganjikasee, nach. Allerdings handelt es sich dabei nicht um Artenbecken im eigentlichen Sinne, da meistens mehrere Arten der Cichliden-Familie darin gehalten werden. Das sollte auch so sein, da ansonsten aggressive Verhaltensweisen der Buntbarsche auf die eigene Art abzielen könnten und so das interessante Brutverhalten dieser schönen Fische aus den afrikanischen Grabenseen nachhaltig stören würden. Malawi- und Tanganjikaseebecken sind natürlich auch Biotopaquarien. Felsaufbauten aus Sandstein oder Granit mit vielen Höhlen bilden den Lebensraum im großen Aquarium (mindestens 150 cm Länge) nach. In diesen Becken spielen die Pflanzen nur eine kleine Rolle.

Das Holländische Pflanzenaquarium

Wie der Name schon sagt, sind diese Becken vor allem in den Niederlanden zu finden. Das Besondere: Die Wasserpflanzen stehen im Mittelpunkt des Interesses. Die Pflanzen werden nur nach Gesichtspunkten der Ästhetik und Harmonie zusammengestellt. Die Hege und Pflege des Grüns ist das eigentliche Hobby. Dieses erfordert einen erheblichen Zeitaufwand, da die Pflanzen zumeist unterschiedliche Ansprüche haben. Wer sich daran versuchen will, sollte schon viel Liebe für das Gärtnern unter Wasser mitbringen.

Das Paludarium

Ein Paludarium ist eine interessante Variante des Aquariums. Es besteht aus zwei Bereichen: einem Wasserbereich, der wie ein Aquarium gepflegt wird, und einem Landbereich. Auf dem Landbereich, der das Wasser umgibt oder überragt, werden zumeist tropische Pflanzen gehegt. So entsteht der Eindruck eines kleinen Ausschnitts aus dem Regenwald mit Bach. Häufig werden im Landteil auch kleine tropische Frösche oder andere Terrarientiere gehalten.

Pflanzenaquarium: der Fisch spielt die zweite Geige.

Leben unter Wasser

Verhalten verstehen

Der Fisch, ein seltsames Wesen?

Der Blick unter Wasser macht es möglich, Besonderheiten im Verhalten der Fische zu beobachten und verstehen zu lernen. Wer genügend Geduld mitbringt und eine Portion Forschergeist, wird spannende Verhaltensweisen entdecken.

Schwarmverhalten

Immer wieder stellen sich Verhaltensforscher die Frage, warum sich manche Tierarten zu großen Schwärmen zusammenschließen. Bei Fischen scheint es dafür mehrere Gründe zu geben: Zum einen schützen sich die Fische in einem Schwarm vor Raubfischen und anderen Raubtieren. Durch die große Individuenzahl verwirren sie den Fressfeind, da dieser sich nicht auf ein einzelnes Opfer konzentrieren kann. Die Masse der Beutetiere und ihre spontanen und abrupten Bewegungen verwirren den Angreifer so lange, bis er schließlich genervt das Weite sucht.

Ein sehr dichter Schwarm von Fischen kann beim Räuber auch den Eindruck erzeugen, dass es sich dabei um ein einzelnes großes Tier handelt, das man besser nicht angreifen sollte.

Außerdem: Viele Augen sehen mehr als zwei. Auch das könnte ein Grund sein, warum viele Fische Schwärme bilden. Fressfeinde können so schneller ausgemacht werden. Bei manchen Fischen löst der Anblick eines Räubers die Abgabe von sogenannten Schreckstoffen aus, die die Artgenossen dann erkennen können und auf die sie dementsprechend mit Fluchtverhalten reagieren.

Nachwuchs im Schwarm

Ein Fischschwarm unterstützt auch die Fortpflanzung: Eine lange und energieaufwendige Partnersuche muss nicht sein. Manchmal schließen sich Fische nur in bestimmten Lebensabschnitten zu Schwärmen zusammen. Das trifft vor allem auf viele Jungfische zu. Auch während der Fortpflanzungszeit kommt es bei manchen Fischen zur Schwarmbildung, selbst wenn sie ansonsten nur einzeln leben.

In den kleineren Schwärmen im Aquarium kann man leicht beobachten, welche Fische im Schwarm den Ton angeben. Natürlich sind es zumeist die kräftigeren Tiere. Hält sich ein Tier häufig von seinem Schwarm fern, liegt oft eine Erkrankung vor. Dieser Fisch sollte dann genau beobachtet werden.

Bei Kampffisch-Männchen geht es häufig zur Sache.

Revierverhalten

Im Tierreich kommt es häufig vor, dass einzelne Individuen, Paare oder Gruppen Territorien besetzen, die sie vehement gegen Artgenossen oder artfremde Eindringlinge verteidigen. Dies kann man leicht beobachten, wenn man bestimmte Fischarten hält. Besonders Buntbarsche zeigen ein ausgeprägtes Revierverhalten, das oft mit Aggressivität verwechselt wird.

Zwergfadenfische kämpfen um ihr Revier.

Fische, die ihre Reviere verteidigen, möchten vor allem eines erreichen: die Sicherstellung der notwendigen Nahrung – besonders während der Fortpflanzungszeit. Natürlich werden von brutpflegenden Arten auch mögliche Fressfeinde, die die Jungtiere bedrohen, mit aller Vehemenz aus dem Revier verjagt, wenn es die Kräfte erlauben.

Bei der Verteidigung eines Reviers kommt es oft zu typischen Drohgebärden gegenüber Artgenossen oder artfremden Eindringlingen. Meist genügen diese Gebärden, um den potenziellen Feind in die Flucht zu schlagen. Allerdings kann es im begrenzten Raum des Aquariums immer wieder zu heftigen Begegnungen kommen. Daher ist es wichtig, Fischen, die ein ausgeprägtes Revierverhalten zeigen, einen angemessenen Raum zur Verfügung zu stellen. Auch bei der Vergesellschaftung von verschiedenen Arten in einem Aquarium ist stets zu berücksichtigen, ob eine Art ein Territorium für sich beansprucht oder nicht.

Balzverhalten

Auch Fische haben einen inneren Antrieb, den man Sexualität nennt. Diese zeigt sich bei vielen Arten durch ihr ausgeprägtes Balzverhalten. Es ist eine wichtige Voraussetzung für eine erfolgreiche Fortpflanzung. Das Balzverhalten dient vor allem dazu, den Befruchtungsakt, der bei vielen Arten außerhalb des Körpers im Wasser stattfindet, einzuleiten und Bereitschaft zu signalisieren.

Das Balzverhalten ist im Aquarium leicht zu beobachten und zu deuten. Häufig sind es bestimmte Bewegungsabläufe, die die Balz anzeigen. Männchen und Weibchen bewegen sich z.B. in einem bestimmten Winkel zueinander oder vollführen gar engagierte Tänze. Während der Balz verändert sich oft die Zeichnung und Färbung, vor allem bei den männlichen Tieren.

Das Balzverhalten ist ein Teil des Instinktes der Fische und von Art zu Art verschieden ausgeprägt. Dadurch kommt es nicht zu „peinlichen" Verwechslungen und Kreuzungen.

Vor allem bei brutpflegenden Arten kann man ein intensives und facettenreiches Balzverhalten beobachten. Insbesondere Buntbarsche zeichnen sich durch ein großes Repertoire an Balzritualen aus, die sie mit Hingabe über eine lange Zeitspanne demonstrieren.

Bei Arten wiederum, die keine Brutpflege betreiben, sind die Verhaltensweisen während der Balz eher unauffällig (z.B. bei Salmlern und Barben).

Brutverhalten

Fische haben im Laufe ihrer Entwicklung eine ganze Reihe verschiedener Brut- und Fortpflanzungsstrategien entwickelt.

Bei vielen Fischen werden die Geschlechtsprodukte (Ei- und Samenzellen) – oft nach vorangegangener Balz – einfach ins freie Wasser abgegeben, wo dann die Befruchtung stattfindet. Zugegeben: nicht sehr romantisch, aber äußerst effektiv und energiesparend. Bei anderen Fischen findet die Besamung der Eizellen im Leib der Weibchen statt. Die Männchen besitzen dann ein sogenanntes Gonopodium als Begattungsorgan, das sich aus der Afterflosse gebildet hat.

Mit Farben imponieren: prächtige Purpurprachtbarsche

Zwergkärpfling-Männchen besitzen ein Gonopodium.

Lebendgeburt bei einem Halbschnäbler

Von eierlegenden und lebendgebärenden Fischen

Die meisten Fische legen Eier. Darunter gibt es Freilaicher, Substratlaicher und Bodenlaicher.

Freilaicher geben ihre Eier ins freie Wasser ab und überlassen sie ihrem Schicksal. Die Eier sinken zu Boden, schweben im Wasser oder schwimmen auf der Wasseroberfläche. Manche bleiben auf festem Untergrund kleben. Meist schlüpfen die Larven schon nach einem Tag.

Substrat- oder Haftlaicher legen die Eier auf einer festen Unterlage (Substrat) ab. Dort bleiben sie dank der klebrigen Eihülle haften und entwickeln sich an Ort und Stelle. Als Substrat dienen zumeist Steine, Holz und vor allem feinfiedrige oder breitblättrige Pflanzen. Manche Fische sorgen selbst für das Substrat. Beispielsweise bauen viele Labyrinthfische sogenannte Schaumnester aus Luftblasen und Schleim an der Wasseroberfläche, in die die Eier abgegeben werden.

Bodenlaicher bringen ihre Eier auf oder im Boden unter. Einige eierlegende Zahnkarpfen tauchen geradezu in den Boden, um die Eier einige Zentimeter tief zu deponieren. Dadurch sind die Eier vor Fressfeinden gut geschützt.

Brutpflege

Unter den eierlegenden Fischen gibt es viele Arten, die Brutpflege betreiben. Häufig werden dann die Eier oder bereits geschlüpften Larven von den Eltern oder einem Elternteil befächelt, um für die nötige Sauerstoffzufuhr zu sorgen. Außerdem halten die Fischeltern das Gelege sauber. Sind die Larven im freien Wasser schwimmfähig, endet oft die Brutpflege der Fischeltern.
Bei anderen Fischen, z. B. Buntbarschen, geht die Brutpflege noch weiter. Sie kümmern sich über einen längeren Zeitraum auch noch um die schwimmfähigen Larven und Jungfische. Sie verteidigen sie vor

Ein Mosaikfadenfisch baut ein Schaumnest.

Fressfeinden und sorgen für genügend Nahrung. Diskusfische sondern beispielsweise einen Nährschleim von der Körperoberfläche ab, der den Nachkömmlingen als Nahrung dient. Andere wirbeln den Bodengrund auf, um Nahrungspartikel für die Jungfische verfügbar zu machen. Lebendgebärende Fische betreiben eine besondere Art der Brutpflege: Die Entwicklung bis zur Larve oder zum Jungfisch läuft geschützt von der Außenwelt im Mutterleib ab. Die bekanntesten Lebendgebärenden sind die Guppys.

Eine spektakuläre Form der Brutpflege ist die Maulbrutpflege, die in verschiedenen Fischgruppen auftritt. Vor allem bei den Buntbarschen der afrikanischen Grabenseen ist dieses Verhalten häufig zu beobachten: Die Weibchen nehmen die Eier nach dem Ablegen oder erst die geschlüpften Larven in ihr schützendes Maul. Dort geht die Entwicklung weiter vonstatten. Erst die Jungfische verlassen zur Nahrungssuche das Maul, in das sie aber bei Gefahr sofort wieder zurückkehren. Diese Art der Brutpflege endet dann, wenn die Jungfische zu groß für das Maul der Mutter werden.

Schmetterlingsbuntbarsche bilden Elternfamilien und bewachen ihr Gelege.

Ein Paradiesfisch legt seine Eier ins Schaumnest.

Die perfekte Fischfamilie

Einige Arten pflegen ein Familiendasein. Entweder bevorzugen sie dabei die Einehe, oder es leben entweder ein Männchen oder ein Weibchen mit mehreren Partnern aus dem anderen Geschlecht zusammen.

Unter den brutpflegenden Fischen gibt es verschiedene Familienformen: Bei der Elternfamilie übernehmen beide Elternteile die gleichen Aufgaben bei der Brutpflege. Man spricht von einer Mutter- oder Vaterfamilie, wenn nur ein Elternteil die Brutpflege übernimmt. Die Vater- und Mutterfamilie zeichnet sich dadurch aus, dass die Elternteile unterschiedliche Aufgaben übernehmen.

Übernehmen nur die Weibchen die Brutpflege, während die Männchen das Revier verteidigen, so spricht man von der Mann-Mutter-Familie.

Zum Weiterschwimmen
Service

Zum Weiterlesen ...

...finden Sie hier weitere Aquarienbücher aus dem Kosmos Verlag:

Beck, Peter: **Süsswasser-Aquaristik.**

Dreyer, Stephan und Rainer Keppler: **Das neue Kosmos-Buch der Aquaristik.** Fische, Pflanzen, Wasser, Technik.

Gering, Claus-Peter: **Aquarienpflanzen.**

Hiscock, Peter: **Aquarien gestalten – nach dem Vorbild der Natur.**

Hofstätter, Christian W.: **Granelen & Krebse.**

Kahl, Wally und Burkard und Dieter Vogt: **Kosmos Atlas Aquarienfische.** Über 750 Süsswasser-Arten.

Kasselmann, Christel: **Pflanzenaquarien gestalten.** Planen, pflanzen, pflegen. 100 Pflanzenarten auf einen Blick.

Kothe, Hans W.: **250 Aquarienfische.** Bestimmen, halten, pflegen.

Mayland, Hans J.: **Diskus.**

Mayland, Hans. J. und Dieter Bork: **Salmler.**

Ullrich, Martin: **Buntbarsche.**

Untergasser, Dieter: **Krankheiten der Aqurienfische.** Diagnose und Behandlung.

Vierke, Jörg: **Welse.**

... und Weiterclicken

Aquarienfische: www.fishbase.net
Aquarienpflanzen: www.ak-wasserpflanzen.de
Barben, Salmler, Schmerlen, Welse: www.bssw-online.de
Buntbarsche: www.dcg-online.de
Guppys: www.dgf-guppy.de
Killifische: www.dkg.killi.org
Labyrinthfische: www.igl-home.de
Lebendgebärende Zahnkarpfen: www.dglz.de
Regenbogenfische: www.irg-online.de
Wirbellose: www.wirbellose.de

Nützliche Adressen

Verband Deutscher Vereine für Aquarien- und Terrarienkunde e.V. (VDA)
Luxemburger Str. 16
D-44789 Bochum
Tel.: 02 34-38 16 50
Fax: 02 34-38 25 90
HansStiller@aol.com
www.vda-online.de

Zentralverband Zoologischer Fachbetriebe Deutschlands e.V. (ZZF)
Mainzer Str. 10
D-65185 Wiesbaden
Tel.: 06 11-44 75 53-0
Fax: 06 11-44 75 53-33
info@zzf.de
www.zzf.de

Register

Bildnachweis

315 Farbfotos von Burkard Kahl; weitere Bilder von Christof Salata/Kosmos (Seite 27 Mitte, 28, 29, 30, 32, 33), H.J. Rösler (Seite 104 links) und Dieter Untergasser (Seite 64 unten, 66/67).

Illustrationen von Marianne Golte-Bechtle (Seite 49), Brigitte Zwickel-Nölle (Seite 39) und nach Remane/Storch/Welsch, Kurzes Lehrbuch der Zoologie, 5. Auflage (Seite 12).

Impressum

Umschlaggestaltung von eStudio Calamar unter Verwendung von Farbfotos von Burkard Kahl

Mit 327 Farbfotos und 3 Illustrationen.

Alle Angaben in diesem Buch erfolgen nach bestem Wissen und Gewissen. Sorgfalt bei der Umsetzung ist indes dennoch geboten. Der Verlag und der Autor übernehmen keinerlei Haftung für Personen-, Sach- oder Vermögensschäden, die aus der Anwendung der vorgestellten Materialien und Methoden entstehen könnten.

Gedruckt auf chlorfrei gebleichtem Papier

ISBN 978-3-440-11051-5
Projektleitung: Ute-Kristin Schmalfuß
Redaktion: Angela Beck
Produktion: Eva Schmidt
Gestaltungskonzept: eStudio Calamar
Gestaltung und Satz: Atelier Krohmer
Printed in Germany / Imprimé en Allemagne

Zum Heraustrennen

Praktische Info-Karten

Für den Einkauf

Checkliste für die Grundausstattung

Das brauche ich für mein Aquarium

- Aquarium, evtl. mit Unterschrank
- Aquarienabdeckung mit Beleuchtungseinrichtung
- Heizung
- Thermometer
- Filter und Filtermaterial
- Leuchtstoffröhren oder Quecksilberdampfleuchten (dann keine Abdeckung)
- CO_2-Düngeanlage (Druckflasche, Druckminderer, Diffusionsgerät)
- Wasseraufbereitungsmittel
- Bodengrund
- Wurzeln, Steine
- Pflanzen
- Pflanzendünger
- Scheibenreiniger
- Schlauch, Fangnetze
- Messreagenzien für pH, Wasserhärte, Nitrit/Nitrat

Mehr zu diesem Thema finden Sie im Buch abS. 24

Für den Einkauf

Gut wüchsige Pflanzen für den Erstbesatz

Schwimmpflanze

- Kleiner Froschbiss *(Limnobium laevigatum)*

Für den Vordergrund

- Kleinblättrige Amazonaspflanze *(Echinodorus parviflorus)*
- Zwergschwertpflanze *(Echinodorus quadricostatus)*

Für Mitte und Seiten

- Großes Fettblatt *(Bacopa caroliniana)*
- Brasilianischer Wassernabel *(Hydrocotyle leucocephala)*
- Indischer Wasserfreund *(Hygrophila polysperma)*
- Flutendes Pfeilkraut *(Sagittaria subulata)*

Für den Hintergrund

- Rauhes Hornblatt *(Ceratophyllum demersum)*
- Gewöhnliche Wasserschraube *(Vallisneria spiralis)*

Zum Aufbinden auf Wurzeln oder Steinen

- Javafarn *(Microsorum pteropus)*
- Javamoos *(Vesicularia dubyana)*

Mehr zu diesem Thema finden Sie im Buch ab S. 14, 107

Für den Einkauf

Checkliste für die Auswahl der Fische

- ○ Alle Fische fühlen sich bei der gleichen Wassertemperatur wohl.
- ○ Alle Fische stellen die gleichen Ansprüche an Wasserhärte und pH-Wert.
- ○ Schwarmfische nicht einzeln, sondern als Schwarm pflegen.
- ○ Jede Wasserzone (oben, Mitte, unten) nur mit wenigen Arten besetzen.
- ○ Fischarten sind untereinander friedlich.
- ○ Die richtige Anzahl: pro cm Fisch 1–2 Liter Wasser rechnen.
- ○ Algenfressende Fische dürfen nicht fehlen.

Mehr zu diesem Thema finden Sie im Buch S. 73

Fürs Einrichten

Pflanzen richtig einsetzen

- Töpfe, Steinwolle, Schaumstoff usw. von den Pflanzen entfernen.
- Algen, Schneckenlaich, abgestorbene Blätter und Schmutz ebenfalls entfernen.
- Angefaulte Stiele einkürzen.
- Wurzeln bis auf einige cm zurückschneiden.
- Ein Loch in den Bodengrund drücken, de Pflanze vorsichtig bis zum Wurzelhals einsetzen, Loch mit Bodengrund auffüllen.
- Knollen, Rhizome und Zwiebeln werden nicht ganz mit Bodengrund bedeckt.
- Aufsitzerpflanzen werden mit Nylon- oder Gummifaden vorsichtig auf Wurzeln oder Steine aufgebunden.

Mehr zu diesem Thema finden Sie im Buch ab S. 41

Für Kids

Das Aquarien-Quiz

Na was meinst Du? Bist Du schon ein richtiger Aquarium-Experte? Dann wird es Dir ja nicht schwer fallen, die Fragen zu beantworten. Richtig oder Falsch? Einfach ein Kreuzchen in das richtige Kästchen machen. Die Lösung findest Du auf der Rückseite.

	richtig	falsch
1) Ein Aquarium pflegt sich von alleine, wenn es eingefahren ist!	○	○
2) Fische fühlen sich in einem gesunden Wasser pudelwohl!	○	○
3) Gegen Aquarienscheiben darf man getrost doll hämmern! Das gefällt den Fischen.	○	○
4) Ein Fisch fühlt sich alleine im Aquarium am wohlsten.	○	○
5) Guppys vermehren sich im Aquarium ganz leicht von selbst.	○	○
6) Ein Aquarium mit vielen Pflanzen ist schöner und funktioniert besser.	○	○
7) Fische gehören zu den Wirbeltieren.	○	○
8) Den Filter braucht man, damit das Wasser in Bewegung bleibt.	○	○
9) Je kleiner ein Aquarium, desto wohler fühlen sich Fische.	○	○
10) Je größer ein Aquarium, desto teurer ist es.	○	○

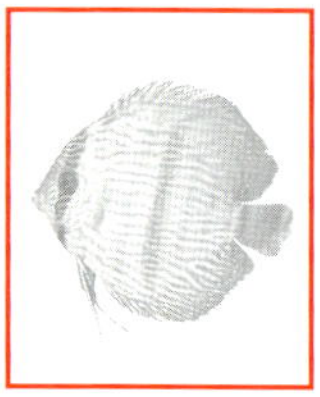

Für Kids

Die Lösungen zum Aquarien-Quiz

1) **Falsch** Ein Aquarium braucht regelmäßig Pflege, damit sich Fische und Pflanzen wohl fühlen.
2) **Richtig** In einem gesunden, richtig auf die Bedürfnisse der Fische eingestellten Aquarienwasser sind auch die Fische gesund.
3) **Falsch** Das Klopfen gegen die Scheiben mögen Fische überhaupt nicht!
4) **Falsch** Von wenigen Ausnahmen abgesehen, fühlen sich die meisten Fische in einer Gruppe oder einem Schwarm am wohlsten.
5) **Richtig** Guppys sind lebendgebärend und wenn Männchen und Weibchen im Becken sind, kann es schnell zu Nachwuchs kommen.
6) **Richtig** Pflanzen machen das Aquarium erst schön und sorgen für viel Sauerstoff im Wasser. Und sie helfen bei der Reinhaltung des Wassers.
7) **Richtig** Fische gehören zu den Wirbeltieren, wie Säugetiere auch.
8) **Falsch** Den Filter braucht man, um das Wasser zu reinigen und schädliche Stoffe aus dem Wasser zu entfernen. Dass das Wasser dadurch in Bewegung bleibt, ist aber ein nützlicher zusätzlicher Effekt.
9) **Falsch** Es gibt sehr viele Fische, die ein größeres Aquarium benötigen. Lieber größer als kleiner!

Fürs Einrichten

So werden die Fische eingesetzt

- Die Fische erst zwei Wochen nach der Inbetriebnahme des Aquariums einsetzen.
- Den geöffneten Beutel mit den Fischen vorsichtig für Temperaturausgleich in das Aquarium hängen (ca. ½ Stunde).
- Dann alle 15 Minuten etwa ein Viertel des Beutelinhalts gegen Wasser aus dem Aquarium tauschen (ca. dreimal wiederholen; Beutelwasser wegschütten).
- Danach Beutelinhalt über ein Fangnetz in einen Eimer ausgießen und sofort die Fische ins Aquarium einsetzen.

Für die Gesundheit

Fischkrankheiten vorbeugen

- Das Becken gut bepflanzen und lange genug ohne Fischbesatz einfahren lassen.
- Mit nicht zu vielen Fischen besetzen.
- Regelmäßig etwa alle 2 bis 4 Wochen Teilwasserwechsel vornehmen.
- Regelmäßig den Filter reinigen.
- Regelmäßig die Wasserwerte kontrollieren.
- Ausgewogene Fütterung mit Vitaminen.
- Wenn möglich, neue Fische zuerst eine Woche in ein Quarantänebecken setzen.
- Vergiftungsquellen außerhalb des Aquariums ausschließen: Tabakqualm, Lösungsmitteldämpfe, Insektizide usw.
- Immer ein Mittel gegen die Weißpünktchenkrankheit und Pilzbefall bereithalten.

Mehr zu diesem Thema finden Sie im Buch ab S. 63

Für die Gesundheit

Der Pflegeplan fürs Aquarium

Täglich
- Zweimal die Fische füttern.
- Fische beobachten (Bewegung, Verhalten, Appetit, Färbung).
- Bei Krankheitsanzeichen sofort Gegenmaßnahmen ergreifen.
- Ggf. tote Fische sofort entfernen.
- Technische Geräte kontrollieren (Filter, Heizung, Licht, CO_2-Anlage).
- Abgestorbene Pflanzenteile entfernen.

Wöchentlich
- Wasserwerte messen: Temperatur, pH, CO_2, Nitrit/Nitrat, Sauerstoff, Härte; ggf. korrigieren.

Alle 2–3 Wochen
- Teilwasserwechsel.
- Bodenmulm absaugen.
- Pflanzen düngen.
- Filtermaterial reinigen (nicht alles auf einmal).
- Innenscheiben von Schmutz und Algen reinigen.
- Pflanzenbestand auslichten, Stängelpflanzen einkürzen.

In größeren Abständen
- Alle 1–2 Monate einen Teil des Filtermaterials erneuern.
- Leuchtstoffröhren alle 8–12 Monate auswechseln (nicht alle auf einmal).

Mehr zu diesem Thema finden Sie im Buch S. 43, 53

Für die Gesundheit

Gesundheits-Check

Der gesunde Fisch ...
- ◯ frisst mit Appetit,
- ◯ ist lebhaft,
- ◯ vollführt gleichmäßige Schwimmbewegungen,
- ◯ zeigt kräftige Farben,
- ◯ weist keine wunden Stellen auf,
- ◯ hat schöne, ganzrandige und spreizfähige Flossen,
- ◯ hat keine weißen Pünktchen auf Körper oder Flossen,
- ◯ hat keine wattebauschartigen Stellen auf Haut oder Flossen,
- ◯ hat einen schön gerundeten Bauch und eine frei bewegliche Mundöffnung,
- ◯ scheuert sich nicht ständig an Gegenständen oder am Bodengrund,
- ◯ schnappt nicht ständig über der Wasseroberfläche nach Luft,
- ◯ sondert sich nicht von seinen Artgenossen ab.

Mehr zu diesem Thema finden Sie im Buch S. 63

Für den Urlaub

Vorbereitungen vor dem Urlaub

- 2–3 Wochen vorher keine neuen Fische einsetzen.
- Technik überprüfen.
- Teilwasserwechsel vornehmen.
- Filtermaterial reinigen.
- Futterautomat installieren, richtige Futtermenge einstellen.
- Ggf. Futter-Tagesrationen für Urlaubsvertretung bereitlegen.

Für Eintragungen

Aquarien-Pass

Becken-Maße ....

Wasser-Inhalt ....

Eingerichtet am ....

Filtersystem ....

Düngesystem ....

Beleuchtung ....

Röhrenwechsel am ....

Fischbesatz seit dem ....

Gepflegte Arten ....

....

....

Erkrankungen ....

....

....

Nachzucht ....

....

....

Für den Urlaub

Pflegeplan für den Aquarien-Sitter

Regelmäßig überprüfen

- Leben noch alle Fische?
- Funktion des Futterautomaten überprüfen!
- Temperatur normal?
- Licht normal?
- Arbeitet der Filter?
- Riecht das Wasser normal?
- Weist das Wasser eine auffällige Färbung auf?
- Verhalten sich die Fische normal?

Regelmäßige Maßnahmen treffen

- Füttern wie besprochen, falls kein Futterautomat vorhanden.
- Ggf. tote Fische sofort aus dem Wasser entfernen.
- Größere, umherschwimmende Pflanzenteile entfernen.

Besondere Maßnahmen

- Wasserwechsel (nach drei Wochen) wie besprochen (S. 61). Bei Auffälligkeiten der Wasserqualität (Farbe, Geruch) Wasserwechsel wie besprochen.
- Bei Fragen, z.B. bei technischen Schwierigkeiten, sind wir zu erreichen unter: Tel.: ....
- Evtl. bei dringenden Notfällen den Tierarzt verständigen: ....
- Der Zoofachhandel unseres Vertrauens ist ...., Tel.: ....
- Aquarien-Haftpflicht-Versicherung: ...., Tel.: ....
- Vermieter: ...., Tel.: ....

Für Eintragungen

Wasserwert	Leitungswasser	Idealwert *	Datum	Datum	Datum
Temperatur					
Karbonathärte KH					
Gesamthärte GH					
pH-Wert					
Nitrit NO_2		0			
Nitrat NO_3		unter 40 mg/l			
Sauerstoff O_2		über 80%			
Kohlensäure CO_2		Bis 10 mg/l			
Eisen Fe		0,1 mg/l			
Phosphat PO_4		unter 0,1 mg/l			

* Die Idealwerte richten sich nach den gepflegten Fischen.

Mehr zu diesem Thema finden Sie im Buch S. 53